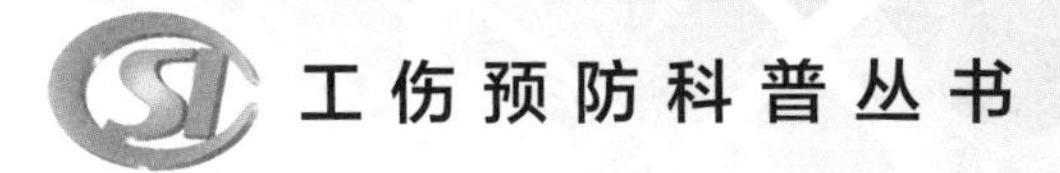

火灾爆炸工伤预防知识

“工伤预防科普丛书”编委会　编

中国劳动社会保障出版社

图书在版编目（CIP）数据

火灾爆炸工伤预防知识 /“工伤预防科普丛书”编委会编 . -- 北京：中国劳动社会保障出版社，2021

（工伤预防科普丛书）

ISBN 978-7-5167-5029-2

Ⅰ . ①火…　Ⅱ . ①工…　Ⅲ . ①火灾事故 - 工伤事故 - 事故预防 - 基本知识②爆炸事故 - 工伤事故 - 事故预防 - 基本知识　Ⅳ . ① X928.703

中国版本图书馆 CIP 数据核字（2021）第 158914 号

中国劳动社会保障出版社出版发行

（北京市惠新东街 1 号　邮政编码：100029）

*

三河市华骏印务包装有限公司印刷装订　新华书店经销

880 毫米 × 1230 毫米　32 开本　6.125 印张　125 千字

2021 年 8 月第 1 版　2021 年 8 月第 1 次印刷

定价：25.00 元

读者服务部电话：（010）64929211/84209101/64921644

营销中心电话：（010）64962347

出版社网址：http://www.class.com.cn

“工伤预防科普丛书”编委会

内容简介

火灾爆炸事故广泛存在于生产领域，是工伤发生的主要原因之一，对职工的生命安全造成极大的威胁。本书围绕火灾爆炸事故发生的场所以及所在行业种类，结合相关法律法规、行业规范标准，列举出各个生产领域中火灾爆炸工伤预防的基础知识，旨在提高用人单位和一线职工应对火灾爆炸工伤事故的能力。

本书内容主要包括：工伤保险及工伤预防基础知识、工伤预防权利和义务、火灾爆炸基础知识、建筑火灾工伤预防措施、厂房（仓库）火灾工伤预防措施、不同生产工艺火灾爆炸工伤预防措施、交通运输火灾工伤预防措施、烟花爆竹火灾爆炸工伤预防措施、常见消防设备及其使用方法、火灾爆炸的应急处置等内容。本书涵盖内容全面，涉及的事故预防措施可行性强，适用范围广，可作为工伤预防主管部门及用人单位开展工伤预防宣传和培训的参考用书，同时可作为提升广大职工工伤预防意识和安全生产素质的普及性学习读物。

前　言

工伤预防是工伤保险制度体系的重要组成部分。做好工伤预防工作，开展工伤预防宣传和培训，有利于增强用人单位和职工的守法维权意识，从源头上减少工伤事故和职业病的发生，保障职工生命安全和身体健康，减少经济损失，促进社会和谐稳定发展。

党和政府历来高度重视工伤预防工作。2009 年以来，全国共开展了三次工伤预防试点工作，为推动工伤预防工作奠定了坚实基础。2017 年，人力资源社会保障部等四部门印发《工伤预防费使用管理暂行办法》，对工伤预防费的使用和管理作出了具体的规定，使工伤预防工作进入了全面推进时期。2020 年，人力资源社会保障部等八部门联合印发《工伤预防五年行动计划（2021—2025 年）》（以下简称《五年行动计划》）。《五年行动计划》要求以习近平新时代中国特色社会主义思想为指导，全面贯彻党的十九大和十九届二中、三中、四中、五中全会精神，坚持以人民为中心的发展思想，完善“预防、康复、补偿”三位一体制度体系，把工伤预防作为工伤保险优先事项，通过推进工伤预防工作，增强工伤预防意识，改善工作场所的劳动条件，防范重特大事故的发生，切实降低工伤发生率，促进经济社会持续健康发展。《五年行动计划》同时明确了九项工作任务，其中包括全面加强工伤预防宣传和深入推进工伤预防培训等内容。

结合目前工伤保险发展现状，立足全面加强工伤预防宣传和深入推进工伤预防培训，我们组织编写了“工伤预防科普丛书”。本套丛书目前包括《〈工伤保险条例〉理解与适用》《〈工伤预防五年行动计划（2021—2025年）〉解读》《农民工工伤预防知识》《工伤预防基础知识》《工伤预防职业病防治知识》《工伤预防个体防护知识》《工伤预防应急救护知识》《建筑施工工伤预防知识》《矿山工伤预防知识》《化工危险化学品工伤预防知识》《机械加工工伤预防知识》《尘毒高危企业工伤预防知识》《交通与运输工伤预防知识》《冶金工伤预防知识》《火灾爆炸工伤预防知识》《有限空间作业工伤预防知识》《物流快递人员工伤预防知识》《网约工工伤预防知识》《公务员和事业单位人员工伤预防知识》《工伤事故典型案例》等分册。本套丛书图文并茂、生动活泼，力求以简洁、通俗易懂的文字普及工伤预防最新政策和科学技术知识，不断提升各行业职工群众的工伤预防意识和自我保护意识。

本套丛书在编写过程中，参阅并部分应用了相关资料与著作，在此对有关著作者和专家表示感谢。由于种种原因，图书可能会存在不当或错误之处，敬请广大读者不吝赐教，以便及时纠正。

“工伤预防科普丛书”编委会

2021年6月

目　录

第1章 工伤保险及工伤预防基础知识

1. 什么是工伤保险?

工伤保险是社会保险的一个重要组成部分，它通过社会统筹建立工伤保险基金，对保险范围内的职工因在生产经营活动中或在规定的某些情况下遭受意外伤害、职业病以及因这两种情况死亡或暂时或永久丧失劳动能力时，职工或其近亲属能够从国家、社会得到必要的物质补偿，以保证职工或其近亲属的基本生活，受工伤的职工同时可以得到必要的医疗救治和康复服务。工伤保险保障了工伤职工的合法权益，有利于妥善处理事故和恢复生产，维护正常的生产、生活秩序，维护社会安定。

工伤保险有 4 个基本特点：一是强制性，国家立法强制一定范围内的用人单位、职工必须参加工伤保险。二是非营利性，工

伤保险是国家对职工履行的社会责任，也是职工应该享受的基本权利。国家实行工伤保险制度，目的是保障职工安全健康，因此国家提供所有与工伤保险有关的补偿和康复服务，均不以营利为目的。三是保障性，职工在发生工伤事故后，国家为职工或其近亲属发放工伤保险待遇，以保障其生活。四是互助互济性，是指通过强制征收保险费，建立工伤保险基金，由社会保险行政部门在人员之间、地区之间、行业之间调剂使用基金。

法律提示

2003 年 4 月 27 日，《工伤保险条例》以国务院令第 375 号公布，2004 年 1 月 1 日生效实施。2010 年 12 月 8 日，《国务院关于修改〈工伤保险条例〉的决定》，由国务院令第586号公布，自2011年1月1日起施行。

现行《工伤保险条例》分8章67条，各章内容为：第一章总则，第二章工伤保险基金，第三章工伤认定，第四章劳动能力鉴定，第五章工伤保险待遇，第六章监督管理，第七章法律责任，第八章附则。

2. 工伤保险制度的适用范围是什么？

《工伤保险条例》规定：中华人民共和国境内的企业、事业单位、社会团体、民办非企业单位、基金会、律师事务所、会计师事务所等组织和有雇工的个体工商户（统称为用人单位）应当依照本条例规定参加工伤保险，为本单位全部职工或者雇工（统称为职工）缴纳工伤保险费。中华人民共和国境内的企业、事业单位、社会团体、民办非企业单位、基金会、律师事务所、会计师事务所等组织的职工和个体工商户的雇工，均有依照本条例的规定享受工伤保险待遇的权利。

《工伤保险条例》所规定的“企业”，包括在中国境内的所有形式的企业。按照所有制划分，有国有企业、集体所有制企业、私营企业、外资企业；按照所在地域划分，有城镇企业、乡镇企业；按照企业的组织结构划分，有公司、合伙企业、个人独资企业、股份制企业等。

3. 工伤保险制度有什么作用?

工伤保险是社会保障体系的重要组成部分，工伤保险制度对于保障因生产、工作过程中的事故伤害或患职业病造成伤、残、亡的职工及其供养近亲属的生活，对于促进企业安全生产，维护社会安定起着重要的作用。主要表现在以下几个方面：

（1）保障工伤职工的合法权益

为工伤职工和工亡职工近亲属提供必要的医疗救助和经济物质补偿，是建立健全工伤保险制度的主要目的之一。通过建立社会共济的工伤保险制度，解决当发生重大事故时，用人单位特别是一些中小企业因无力支付工伤费用以致工伤职工不能得到及时治疗、康复，工伤职工和工亡职工近亲属基本生活得不到保障的问题，从而保障其合法权益。

（2）促进工伤预防与安全生产

目前，我国的工伤保险制度已逐步形成工伤预防、工伤补偿、工伤康复“三位一体”的模式，对工伤预防及工伤职工的职业康复等的关注程度不断提高。据有关部门的统计资料，现有的大部分工伤事故和职业病是可以通过对安全生产的重视而避免的，说明事故预防工作可以有效地减少职业危害。我国工伤保险制度中通过实行行业差别费率和浮动费率机制，及在工伤保险基金中列支工伤预防费等措施，来促进用人单位加强工伤预防工作，减少工伤事故和职业病的发生，从而保护职工的生命安全和身体健康。

（3）分散用人单位的工伤风险

社会保险的一个基本宗旨就是分散风险，这在工伤保险中体现得尤其重要。建立工伤保险制度就是要通过基金的互助互济功能，分散不同用人单位的工伤风险，避免用人单位一旦发生工伤事故便不堪重负，甚至导致破产，工伤职工的合法权益得不到保障。同时，通过工伤保险的社会化管理服务，可以解决用人单位社会负担重的问题，使其充分参加市场竞争。

4. 为什么工伤保险费由用人单位或雇主缴纳?

工伤保险费是由企业或雇主按国家规定的费率缴纳的，职工个人不缴纳任何费用，这是工伤保险与基本养老保险、基本医疗保险等其他社会保险项目的不同之处。个人不缴纳工伤保险费，体现了工伤保险的严格雇主责任。

随着经济、社会的发展，世界各国已达成共识，认为职工在为用人单位创造财富、为社会做出贡献的同时，还冒着付出健康和鲜血的代价。因此，由用人单位缴纳保险费是完全必要和合理的。我国《工伤保险条例》规定：用人单位应当按时缴纳工伤保险费，职工个人不缴纳工伤保险费。用人单位缴纳工伤保险费的数额为本单位职工工资总额乘以单位缴费费率之积。对难以按照工资总额缴纳工伤保险费的行业，其缴纳工伤保险费的具体方式，由国务院社会保险行政部门规定。

5. 工伤认定的对象有哪些?

工伤认定的对象包括具备下列条件的职工：

（1）所在单位纳入了工伤保险制度的范围。

（2）与用人单位存在劳动关系，包括事实劳动关系。

（3）存在因工作原因受到事故伤害或者患职业病的事实。

受到事故伤害或者患职业病的职工，只要同时具备上述三个条件，无论其所在单位是否参加了工伤保险，职工提出工伤认定申请，社会保险行政部门都应当受理。

无营业执照或者未经依法登记、备案而经营的单位所雇用的人员，以及被依法吊销营业执照或者撤销登记、备案的单位所雇用的人员受到事故伤害或者患职业病的；用人单位使用童工造成童工伤残、死亡的，受伤害者不需申请工伤认定，直接由雇用方给予一次性赔偿，拒不给付赔偿的，由社会保险监察机构予以处理，或通过法律程序予以解决。

6. 什么情形可以认定为工伤、视同工伤和不能认定为工伤?

《工伤保险条例》对工伤的认定作出了明确规定。

（1）认定为工伤的情形

职工有下列情形之一的，应当认定为工伤：

1）在工作时间和工作场所内，因工作原因受到事故伤害的。

2）工作时间前后在工作场所内，从事与工作有关的预备性或者收尾性工作受到事故伤害的。

3）在工作时间和工作场所内，因履行工作职责受到暴力等意外伤害的。

4）患职业病的。

5）因工外出期间，由于工作原因受到伤害或者发生事故下落不明的。

6）在上下班途中，受到非本人主要责任的交通事故或者城市轨道交通、客运轮渡、火车事故伤害的。

7）法律、行政法规规定应当认定为工伤的其他情形。

（2）视同工伤的情形

职工有下列情形之一的，视同工伤：

1）在工作时间和工作岗位，突发疾病死亡或者在 48 小时之内经抢救无效死亡的。

2）在抢险救灾等维护国家利益、公共利益活动中受到伤害的。

3）职工原在军队服役，因战、因公负伤致残，已取得革命伤残军人证，到用人单位后旧伤复发的。

职工有上述第一项、第二项情形的，按照《工伤保险条例》有关规定享受工伤保险待遇；职工有上述第三项情形的，按照《工伤保险条例》的有关规定享受除一次性伤残补助金以外的工伤保险待遇。

（3）不得认定为工伤的情形

职工符合前述规定，但是有下列情形之一的，不得认定为工伤或者视同工伤：

1）故意犯罪的。

2）醉酒或者吸毒的。

3）自残或者自杀的。

相关链接 1

田某在某市铸造厂从事铸造工作。某日，车间主任派他到该厂另外一车间拿工具。在返回工作岗位途中，田某被该厂建筑工地坠落的砖块砸伤头部，当即被送往医院救治，后被诊断为脑挫裂伤。出院后，田某向单位申请工伤保险待遇，但是单位认为他不是在本职岗位受伤，因此不能享受工伤保险待遇。田某遂向当地社会保险行政部门投诉，要求认定其为工伤。

当地社会保险行政部门经调查后认为：虽然田某的致伤地点不是在本职岗位，但他是受领导（车间主任）指派离开本职岗位到另一车间拿工具的，故其受伤地点应属于工作场所。这一事故具有一般工伤事故应具备的“三工”要素，即在工作时间、工作地点，因工作原因而受伤。因此，当地社会保险行政部门认定田某为工伤，并责成单位按规定给予田某相应的工伤保险待遇。

相关链接2

用人单位发生火灾导致员工受伤，属于工伤保险的理赔范围吗?

结合上述工伤认定的情形可以知道，当用人单位发生火灾时，如果员工因在上班期间而遭受到了人身意外伤害事故的话，是属于工伤保险保障范围的，是可以通过工伤保险来进行理赔的。当员工在工作时遭遇火灾受到人身伤害，要尽快向单位领导报告，并要求单位给自己申报工伤，取得工伤认定书之后就能够享受工伤待遇。

7. 申请工伤认定的主要流程有哪些?

（1）发生工伤事故

职工发生工伤事故，或被诊断为职业病。

（2）提出工伤认定申请

职工所在单位应当自职工事故伤害发生之日或者职工被诊断、鉴定为职业病之日起30日内，向统筹地区社会保险行政部门提出工伤认定申请。

用人单位未按规定提出工伤认定申请的，工伤职工或者其近亲属、工会组织在事故伤害发生之日或者被诊断、鉴定为职业病之日起 1 年内，可以直接向用人单位所在地统筹地区社会保险行政部门提出工伤认定申请。

（3）备齐申请材料

1）工伤认定申请表；

2）与用人单位存在劳动关系（包括事实劳动关系）的证明材料；

3）医疗诊断证明或者职业病诊断证明书（或者职业病诊断鉴定书）。

其中，工伤认定申请表应当包括事故发生的时间、地点、原因以及职工伤害程度等基本情况。

（4）社会保险行政部门受理

申请材料完整，属于社会保险行政部门管辖范围且在受理时效内的，应当受理。申请材料不完整的，社会保险行政部门应当一次性书面告知工伤认定申请人需要补正的全部材料。

（5）作出工伤认定

社会保险行政部门应当自受理工伤认定申请之日起 60 日内作出工伤认定的决定，并书面通知申请工伤认定的职工或者其近亲属和该职工所在单位。

8. 申请劳动能力鉴定的主要流程有哪些？

（1）职工伤情基本稳定，进行劳动能力鉴定职工发生工伤，经治疗伤情相对稳定后存在残疾、影响劳动能力的，应当进行劳动能力鉴定。劳动功能障碍分为 10 个伤残等级，最重的为一级，最轻的为十级。生活自理障碍分为 3 个等级：生活完全不能自理、生活大部分不能自理和生活部分不能自理。

（2）备齐材料，提出申请

劳动能力鉴定由用人单位、工伤职工或者其近亲属向设区的市级劳动能力鉴定委员会提出申请，并提供工伤认定决定和职工工伤医疗的有关资料。

（3）接受申请，作出鉴定结论

设区的市级劳动能力鉴定委员会应当自收到劳动能力鉴定申请之日起 60 日内作出劳动能力鉴定结论，必要时，作出劳动能力鉴定结论的期限可以延长 30 日。劳动能力鉴定结论应当及时送达申请鉴定的单位和个人。

（4）存在异议，可向上级部门提出再次鉴定申请

申请鉴定的单位或者个人对设区的市级劳动能力鉴定委员会作出的鉴定结论不服的，可以在收到该鉴定结论之日起 15 日内向省、自治区、直辖市劳动能力鉴定委员会提出再次鉴定申请。省、自治区、直辖市劳动能力鉴定委员会作出的劳动能力鉴定结论为最终结论。

（5）伤残情况发生变化，可申请劳动能力复查鉴定

自劳动能力鉴定结论作出之日起 1 年后，工伤职工或者其近亲属、所在单位或者经办机构认为伤残情况发生变化的，可以申请劳动能力复查鉴定。

9. 工伤保险待遇主要包括哪些?

《工伤保险条例》中规定的工伤保险待遇主要有四类。

(1) 工伤医疗及康复待遇

1) 职工因工作遭受事故伤害或者患职业病进行治疗，享受工伤医疗待遇。

2) 职工治疗工伤应当在签订服务协议的医疗机构就医，情况紧急时可以先到就近的医疗机构急救。

3) 治疗工伤所需费用符合工伤保险诊疗项目目录、工伤保险药品目录、工伤保险住院服务标准的，从工伤保险基金支付。工伤保险诊疗项目目录、工伤保险药品目录、工伤保险住院服务标准，由国务院社会保险行政部门会同国务院卫生行政部门、食品药品监督管理部门等部门规定。

4) 职工住院治疗工伤的伙食补助费，以及经医疗机构出具证明，报经办机构同意，工伤职工到统筹地区以外就医所需的交通、食宿费用从工伤保险基金支付，基金支付的具体标准由统筹地区人民政府规定。

5) 工伤职工治疗非工伤引发的疾病，不享受工伤医疗待遇，按照基本医疗保险办法处理。

6) 工伤职工到签订服务协议的医疗机构进行工伤康复的费用，符合规定的，从工伤保险基金支付。

7) 社会保险行政部门作出认定为工伤的决定后发生行政复议、行政诉讼的，行政复议和行政诉讼期间不停止支付工伤职工治疗工伤的医疗费用。

8）工伤职工因日常生活或者就业需要，经劳动能力鉴定委员会确认，可以安装假肢、矫形器、假眼、假牙和配置轮椅等辅助器具，所需费用按照国家规定的标准从工伤保险基金支付。

（2）停工留薪期待遇

1）职工因工作遭受事故伤害或者患职业病需要暂停工作接受工伤医疗的，在停工留薪期内，原工资福利待遇不变，由所在单位按月支付。

2）停工留薪期一般不超过 12 个月。伤情严重或者情况特殊，经设区的市级劳动能力鉴定委员会确认，可以适当延长，但延长不得超过 12 个月。工伤职工评定伤残等级后，停发原待遇，按照本章的有关规定享受伤残待遇。工伤职工在停工留薪期满后仍需治疗的，继续享受工伤医疗待遇。

3）生活不能自理的工伤职工在停工留薪期需要护理的，由所在单位负责。

（3）伤残待遇

1）工伤职工已经评定伤残等级并经劳动能力鉴定委员会确认需要生活护理的，从工伤保险基金按月支付生活护理费。

2）生活护理费按照生活完全不能自理、生活大部分不能自理或者生活部分不能自理 3 个不同等级支付，其标准分别为统筹地区上年度职工月平均工资的 50%、40% 或者 30%。

3）职工因工致残被鉴定为一级至四级伤残的，保留劳动关系，退出工作岗位，依法享受相应的待遇。

①从工伤保险基金按伤残等级支付一次性伤残补助金，标准为：一级伤残为 27 个月的本人工资，二级伤残为 25 个月的本人工资，三级伤残为 23 个月的本人工资，四级伤残为 21 个月的本人工资。

②从工伤保险基金按月支付伤残津贴，标准为：一级伤残为本人工资的 90%，二级伤残为本人工资的 85%，三级伤残为本人工资的 80%，四级伤残为本人工资的 75%。伤残津贴实际金额低于当地最低工资标准的，由工伤保险基金补足差额。

③工伤职工达到退休年龄并办理退休手续后，停发伤残津贴，按照国家规定享受基本养老保险待遇，基本养老保险待遇低于伤残津贴的由工伤保险基金补足差额。

职工因工致残被鉴定为一级至四级伤残的，由用人单位和职工个人以伤残津贴为基数，缴纳基本医疗保险费。

4）职工因工致残被鉴定为五级、六级伤残的，依法享受相关待遇。

①从工伤保险基金按伤残等级支付一次性伤残补助金，标准为：五级伤残为 18 个月的本人工资，六级伤残为 16 个月的本人工资。

②保留与用人单位的劳动关系，由用人单位安排适当工作。难以安排工作的，由用人单位按月发给伤残津贴，标准为：五级伤残为本人工资的 70%，六级伤残为本人工资的 60%，并由用人单位按照规定为其缴纳应缴纳的各项社会保险费。伤残津贴实际金额低于当地最低工资标准的，由用人单位补足差额。

经工伤职工本人提出，该职工可以与用人单位解除或者终止劳动关系，由工伤保险基金支付一次性工伤医疗补助金，由用人单位支付一次性伤残就业补助金。一次性工伤医疗补助金和一次性伤残就业补助金的具体标准由省、自治区、直辖市人民政府规定。

5）职工因工致残被鉴定为七级至十级伤残的，依法享受相关待遇。

①从工伤保险基金按伤残等级支付一次性伤残补助金，标准为：七级伤残为 13 个月的本人工资，八级伤残为 11 个月的本人工资，九级伤残为 9 个月的本人工资，十级伤残为 7 个月的本人工资。

②劳动、聘用合同期满终止，或者职工本人提出解除劳动、聘用合同的，由工伤保险基金支付一次性工伤医疗补助金，由用人单位支付一次性伤残就业补助金。一次性工伤医疗补助金和一

次性伤残就业补助金的具体标准由省、自治区、直辖市人民政府规定。

③工伤职工工伤复发，确认需要治疗的，享受上述规定的工伤待遇。

（4）工亡待遇

职工因工死亡，其近亲属按照下列规定从工伤保险基金领取丧葬补助金、供养亲属抚恤金和一次性工亡补助金。

1）丧葬补助金为6个月的统筹地区上年度职工月平均工资。

2）供养亲属抚恤金按照职工本人工资的一定比例发给由因工死亡职工生前提供主要生活来源、无劳动能力的亲属。标准为：配偶每月40%，其他亲属每人每月30%，孤寡老人或者孤儿每人每月在上述标准的基础上增加10%。核定的各供养亲属的抚恤金之和不应高于因工死亡职工生前的工资。供养亲属的具体范围由国务院社会保险行政部门规定。

3）一次性工亡补助金标准为上一年度全国城镇居民人均可支配收入的20倍。

伤残职工在停工留薪期内因工伤导致死亡的，其近亲属享受上述第一项规定的待遇。

一级至四级伤残职工在停工留薪期满后死亡的，其近亲属可以享受上述第一项、第二项规定的待遇。

伤残津贴、供养亲属抚恤金、生活护理费由统筹地区社会保险行政部门根据职工平均工资和生活费用变化等情况适时调整。调整办法由省、自治区、直辖市人民政府规定。

4）职工因工外出期间发生事故或者在抢险救灾中下落不明

的，从事故发生当月起 3 个月内照发工资，从第 4 个月起停发工资，由工伤保险基金向其供养亲属按月支付供养亲属抚恤金。生活有困难的，可以预支一次性工亡补助金的 50%。职工被人民法院宣告死亡的，按照职工因工死亡的规定处理。

10. 为什么要做好工伤预防？

工伤预防是建立健全工伤预防、工伤补偿和工伤康复“三位一体”工伤保险制度的重要内容，是为了事先防范职业伤亡事故以及职业病的发生，减少职业伤亡事故及职业病隐患，改善和创造有利于健康、安全的生产环境和工作条件，保护职工在生产、工作环境中的安全和健康。工伤预防的措施主要包括工程技术措施、教育措施和管理措施。

职工在劳动保护和工伤保险方面的权利与义务是基本一致的。在劳动关系中，获得劳动保护是职工的基本权利，工伤保险又是其劳动保护权利的延续。职工有权获得保障其安全和健康的劳动条件，同时也有义务严格遵守安全操作规程，遵章守纪，预防职业伤害的发生。

当前国际上，现代工伤保险制度已经把事故预防放在优先位置。我国的《工伤保险条例》也把工伤预防定为工伤保险的三大任务之一，从而逐步改变了过去重补偿、轻预防的模式。因此，那种“工伤有保险，出事有人赔，只管干活挣钱”的说法，显然是错误的。工伤赔偿是发生职业伤害后的救助措施，不能挽回失去的生命和复原已经残疾的身体。职工只有加强工伤预防，才能保障自身的安全与健康。生命安全和身体健康才是职工的最大财富。用人单位和职工要永远共同坚持安全第一、预防为主、综合治理的方针。

11. 什么是安全生产?

安全生产是党和国家在生产建设中一贯的指导思想和重要方针，是全面落实习近平新时代中国特色社会主义思想，构建社会主义和谐社会的必然要求。

安全生产的根本目的是保障职工在生产经营过程中的安全和健康。安全生产是安全与生产的统一，安全促进生产，生产必须安全，没有安全就无法正常进行生产。搞好安全生产工作，改善劳动条件，减少职工伤亡与财产损失，不仅可以增加生产经营单位效益，促进生产经营单位健康发展，而且还可以促进社会和谐，保障国家经济建设安全进行。

《中华人民共和国安全生产法》（以下简称《安全生产法》）是安全生产的专门法律、基本法律，是我国职业安全法律体系的核心，自 2002 年 11 月 1 日起实施。《安全生产法》明确规定，安全生产应当以人为本，坚持人民至上、生命至上，把保护人民生命安全摆在首位，树牢安全发展理念，坚持安全第一、预防为主、综合治理的方针；强化和落实生产经营单位的主体责任与政府监管责任，建立生产经营单位负责、职工参与、政府监管、行业自律和社会监督的工作机制。这是党和国家对安全生产工作的总体要求，生产经营单位和职工在生产经营过程中必须严格遵循这一基本方针。

安全第一说明和强调了安全的重要性。人的生命是至高无上的，每个人的生命只有一次，要珍惜生命、爱护生命、保护生命。事故意味着对生命的摧残与毁灭，因此，在生产经营活动中，应把保护人民生命安全摆在首位，坚持最优先考虑人的生命安全。预防为主是指安全生产工作的重点应放在预防发生事故上，要按照安全系统工程理论，根据事故发展的规律和特点，预防事故发生。安全工作应当做在生产活动之前，事先就应充分考虑事故发生的可能性，并自始至终采取有效措施以防止和减少事故。综合治理是指要自觉遵循安全生产规律，抓住安全生产工作中的主要矛盾和关键环节。要标本兼治，重在治本，采取各种管理手段预防事故发生。实现治标的同时，研究治本的方法。综合运用科技、经济、法律、行政等手段，并充分发挥社会、职工、舆论的监督作用，从各个方面着手解决影响安全生产的深层次问题，做到思想上、制度上、技术上、监督检查上、事故处理上和应急救援上的综合管理。

法律提示

《中华人民共和国宪法》第四十二条第一款、第二款规定：中华人民共和国公民有劳动的权利和义务。国家通过各种途径，创造劳动就业条件，加强劳动保护，改善劳动条件，并在发展生产的基础上，提高劳动报酬和福利待遇。

12. 应注意杜绝哪些不安全行为？

一般地说，凡是能够或可能导致事故发生的人为失误均属于不安全行为。《企业职工伤亡事故分类》（GB 6441—1986）中规定的 13 大类不安全行为如下：

（1）未经许可开动、关停、移动机器；开动、关停机器时未给信号；开关未锁紧，造成意外转动、通电或泄漏等；忘记关闭设备；忽视警告标志、警告信号；操作错误（指按钮、阀门、扳手、把柄等的操作）；奔跑作业；供料或送料速度过快；机器超速运转；违章驾驶机动车；酒后作业；客货混载；冲压机作业时，手伸进冲压模；工件紧固不牢；用压缩空气吹铁屑等。

（2）安全装置被拆除、堵塞，或因调整错误造成安全装置失效。

（3）临时使用不牢固的设施或无安全装置的设备等。

（4）用手代替手动工具；用手清除切屑；不用夹具固定，用手拿工件进行机加工。

（5）成品、半成品、材料、工具、切屑和生产用品等存放不当。

（6）冒险进入危险场所。

（7）攀、坐不安全位置（如平台护栏、汽车挡板、吊车吊钩）。

（8）在起吊物下作业、停留。

（9）机器运转时进行加油、修理、检查、调整、焊接、清扫等。

（10）有分散注意力的行为。

（11）在必须使用劳动防护用品、用具的作业或场合中，忽视其使用。

（12）在有旋转零部件的设备旁作业穿肥大服装，操纵带有旋转零部件的设备时戴手套等。

（13）对易燃、易爆等危险物品处理错误。

血的教训

某日，某厂生产一班给矿皮带工张某、和某两人打扫 4 号给矿皮带附近的场地，清理积矿。当张某清扫完非人行道上的积矿后，准备到人行道上帮助和某清扫。当时，为图方便抄近路，张某拿着 1.7 米长的铁铲违章从 4 号给矿皮带与 5 号给矿皮带之间穿越（当时，4 号给矿皮带正以每秒 2 米的速度运行，5 号给矿皮带已停运）。张某手里拿的铁铲触及 4 号皮带的增紧轮，铁铲和人一起被卷到了皮带增紧轮上，铁铲的木柄被折成两段弹了出去。张某的头部顶在增紧轮外的支架上，在高速运转的皮带挤压下，头骨破裂，张某当场死亡。

这起事故的直接原因是张某安全意识淡薄，自我保护意识极差，严重违反了皮带操作工安全操作规程中关于“严禁穿越皮带”的规定。事后据调查，张某曾多次违章穿越皮带，属习惯性违章。正是他的违章行为，导致了这次伤亡事故的发生。

这起事故给人们的教训是，企业应设置有效的安全防护设施，提高设备的本质安全水平。同时，对职工要加强教育，增强其安全意识，杜绝不安全行为。

13. 应注意避免出现哪些不安全心理?

根据大量的工伤事故案例分析，导致职工发生职业伤害最常见的不安全心理状态主要有以下几种：

（1）自我表现心理——“虽然我进厂时间短，但我年轻、聪明，干这活儿不在话下……”

（2）经验心理——“多少年一直是这样干的，干了多少遍了，能有什么问题……”

（3）侥幸心理——“完全照操作规程做太麻烦了，变通一下也不一定会出事吧……”

（4）从众心理——“他们都没戴安全帽，我也不戴了……”

（5）逆反心理——“凭什么听班长的呀，今儿就这么干，我就不信会出事……”

（6）反常心理——“早晨孩子肚子疼，自己去了医院，也不知道是什么病，真担心……”

血的教训

某日，某机械厂切割机操作工王某在巡视纵向切割机时发现刀锯与板坯摩擦，有冒烟和燃烧现象，如不及时处理有可能引起火灾。王某当即停掉风机和切割机去排除故障，但没有关闭皮带机电源，皮带机仍然处于运转状态。当王某伸手去掏燃着的纤维板屑时，袖口连同右臂突然被皮带机齿轮绞住，直到工友听到王某的呼救声才关闭了皮带机电源。这起事故造成王某右臂伤残。

这起事故的发生与王某存在侥幸麻痹心理有直接的关系。王某以前多次不关闭皮带机就去排除故障，侥幸未造成事故，因而麻痹大意，由此逐渐形成习惯性违章行为并最终导致惨剧发生。

第2章 工伤预防权利和义务

14. 职工工伤保险和工伤预防的权利主要体现在哪些方面?

职工工伤保险和工伤预防的权利主要体现在以下几个方面:

(1)有权获得劳动安全卫生的教育和培训,了解所从事的工作可能对身体健康造成的危害和可能发生的不安全事故。

(2)有权获得保障自身安全健康的劳动条件和劳动防护用品。

(3)有权对用人单位管理人员违章指挥、强令冒险作业予以拒绝。

(4)有权对危害生命安全和身体健康的行为提出批评、检举和控告。

(5)从事职业危害作业的职工有权获得定期健康检查。

（6）发生工伤时，有权得到抢救治疗。

（7）发生工伤后，职工或其近亲属有权向当地社会保险行政部门申请工伤认定和享受工伤保险待遇。

（8）工伤职工有权依法享受有关工伤保险待遇。

（9）工伤职工发生伤残，有权提出劳动能力鉴定申请和再次鉴定申请。自劳动能力鉴定结论作出之日起一年后，工伤职工或者其近亲属认为伤残情况发生变化的，可以申请劳动能力复查鉴定。

（10）因工致残尚有工作能力的职工，在就业方面应得到特殊保护。依照法律规定，用人单位对因工致残的职工不得解除劳动合同，并应根据不同情况安排适当工作。在建立和发展工伤康复事业的情况下，工伤职工应当得到职业康复培训和再就业帮助。

（11）工伤职工与用人单位发生工伤待遇方面的争议，按照处理劳动争议的有关规定处理；职工对工伤认定结论不服或对经办机构核定的工伤保险待遇有异议的，可以依法申请行政复议，也可以依法向人民法院提起行政诉讼。

15. 职工工伤保险和工伤预防的义务主要有哪些？

权利与义务是对等的，有相应的权利，就有相应的义务。职工在工伤保险和工伤预防方面的义务主要如下：

（1）职工有义务遵守劳动纪律和用人单位的规章制度，做好本职工作和被临时指定的工作，服从本单位负责人的工作安排和指挥。

（2）职工在劳动过程中必须严格遵守安全操作规程，正确使用劳动防护用品，接受劳动安全卫生教育和培训，配合用人单位做好预防事故和职业病防治工作。

（3）职工或其近亲属报告工伤和申请工伤保险待遇时，有义务如实反映发生事故和职业病的有关情况及工资收入、家庭有关情况；当有关部门调查取证时，应当给予配合。

（4）除紧急情况外，发生工伤的职工应当到工伤保险签订服务协议的医疗机构进行治疗，对于治疗、康复、评残要接受有关机构的安排，并给予配合。

16. 什么是安全生产的知情权和建议权？

在生产劳动过程中，往往存在着一些危害职工安全和健康的因素。职工有权了解其作业场所和工作岗位与安全生产有关的情况：一是存在的危险因素；二是防范措施；三是事故应急措施。职工对于安全生产的知情权，是保护其生命健康权的重要前提。如果职工知道并且掌握有关安全生产的知识和处理办法，就可以消除许多不安全因素和事故隐患，避免或者减少事故的发生。

同时，职工对本单位的安全生产工作有建议权。安全生产工作涉及职工的生命安全和身体健康。因此，职工有权参与用人单位的民主管理，并且通过这样的民主管理，充分调动其关心安全生产的积极性与主动性，为本单位的安全生产工作献计献策、提出意见与建议。

17. 什么是安全生产的批评、检举、控告权?

这里的批评权，是指职工对本单位安全生产工作中存在的问题提出批评的权利。这一权利规定有利于职工对用人单位的生产经营进行群众监督，促使用人单位不断改进本单位的安全生产工作。

这里的检举权、控告权，是指职工对本用人单位及有关人员违反安全生产法律法规的行为，有向主管部门和司法机关进行检举和控告的权利。检举可以署名，也可以不署名；可以用书面形式，也可以用口头形式。但是，职工在行使这一权利时，应注意检举和控告的情况必须真实，要实事求是。此外，法律明令禁止对检举者和控告者进行打击报复。

18. 生产作业中，职工必须遵守哪些安全生产的职责？

（1）遵守劳动纪律，执行安全规章制度和安全操作规程，听从指挥，与一切违章作业的现象作斗争。

（2）保证本岗位工作地点和设备、工具的安全、整洁，不随便拆除安全防护装置，不使用自己不该使用的机械和设备，正确使用防护用品。

（3）学习安全知识，提高操作技术水平，积极开展技术革新，提合理化建议，改善作业环境的劳动条件。

（4）及时反映、处理事故隐患，积极参加事故抢救工作。

（5）有权拒绝接受违章指挥，并对上级单位和领导人忽视工人安全、健康的错误决定和行为提出批评或控告。

19. 女职工依法享有哪些特殊劳动保护权利？

女职工的身体结构和生理特点决定其应受到特殊劳动保护。女职工的体力一般比男职工差，特别是女职工在“五期”（经期、孕期、产期、哺乳期、围绝经期）有特殊的生理变化，所以女职工对工业生产过程中的有毒有害因素一般比男职工更敏感。另外，高噪声环境、剧烈振动、放射性物质等都会对女性生殖机能和身体产生有害影响。因此，要做好和加强女职工的特殊劳动保护工作，避免和减少生产劳动过程给女职工带来危害。

《女职工劳动保护特别规定》经2012年4月18日国务院第200次常务会议通过，由国务院令第619号公布施行。该规定对女职工的特殊劳动保护作出以下要求：

（1）用人单位应当加强女职工劳动保护，采取措施改善女职工劳动安全卫生条件，对女职工进行劳动安全卫生知识培训。

（2）用人单位应当遵守女职工禁忌从事的劳动范围的规定。用人单位应当将本单位属于女职工禁忌从事的劳动范围的岗位书面告知女职工。

（3）用人单位不得因女职工怀孕、生育、哺乳降低其工资、予以辞退、与其解除劳动或者聘用合同。

（4）女职工在孕期不能适应原劳动的，用人单位应当根据医疗机构的证明，予以减轻劳动量或者安排其他能够适应的劳动。对怀孕 7 个月以上的女职工，用人单位不得延长劳动时间或者安排夜班劳动，并应当在劳动时间内安排一定的休息时间。怀孕女职工在劳动时间内进行产前检查，所需时间计入劳动时间。

（5）女职工生育享受 98 天产假，其中产前可以休假 15 天；难产的，增加产假 15 天；生育多胞胎的，每多生育 1 个婴儿，增加产假 15 天。女职工怀孕未满 4 个月流产的，享受 15 天产假；怀孕满 4 个月流产的，享受 42 天产假。

（6）女职工产假期间的生育津贴：对已经参加生育保险的，按照用人单位上年度职工月平均工资的标准由生育保险基金支付；对未参加生育保险的，按照女职工产假前工资的标准由用人单位支付。女职工生育或者流产的医疗费用，按照生育保险规定的项目和标准，对已经参加生育保险的，由生育保险基金支付；对未参加生育保险的，由用人单位支付。

（7）对哺乳未满 1 周岁婴儿的女职工，用人单位不得延长劳动时间或者安排夜班劳动。用人单位应当在每天的劳动时间内为哺乳期女职工安排 1 小时哺乳时间；女职工生育多胞胎的，每多哺乳 1 个婴儿每天增加 1 小时哺乳时间。

（8）女职工比较多的用人单位应当根据女职工的需要，建立女职工卫生室、孕妇休息室、哺乳室等设施，妥善解决女职工在生理卫生、哺乳方面的困难。

（9）在劳动场所，用人单位应当预防和制止对女职工的性骚扰。

（10）用人单位违反有关规定，侵害女职工合法权益的，女职工可以依法投诉、举报、申诉，依法向劳动人事争议调解仲裁机构申请调解仲裁，对仲裁裁决不服的，可以依法向人民法院提起诉讼。

法律提示

（1）女职工禁忌从事的劳动范围

1）矿山井下作业。

2）体力劳动强度分级标准中规定的第四级体力劳动强度的作业。

3）每小时负重 6 次以上、每次负重超过 20 千克的作业，或者间断负重、每次负重超过 25 千克的作业。

（2）女职工在经期禁忌从事的劳动范围

1）冷水作业分级标准中规定的第二级、第三级、第四级冷水作业。

2）低温作业分级标准中规定的第二级、第三级、第四级低温作业。

3）体力劳动强度分级标准中规定的第三级、第四级体力劳动强度的作业。

4）高处作业分级标准中规定的第三级、第四级高处作业。

（3）女职工在孕期禁忌从事的劳动范围

1）作业场所空气中铅及其化合物、汞及其化合物、苯、镉、铍、砷、氰化物、氮氧化物、一氧化碳、二硫化碳、氯、己内酰胺、氯丁二烯、氯乙烯、环氧乙烷、苯胺、甲醛等有毒物质浓度超过国家职业卫生标准的作业。

2）从事抗癌药物、己烯雌酚生产，接触麻醉剂气体等的作业。

3）非密封源放射性物质的操作，核事故与放射事故的应急处置。

4）高处作业分级标准中规定的高处作业。

5）冷水作业分级标准中规定的冷水作业。

6）低温作业分级标准中规定的低温作业。

7）高温作业分级标准中规定的第三级、第四级的作业。

8）噪声作业分级标准中规定的第三级、第四级的作业。

9）体力劳动强度分级标准中规定的第三级、第四级体力劳动强度的作业。

10）在密闭空间、高压室作业或者潜水作业，伴有强烈振动的作业，或者需要频繁弯腰、攀高、下蹲的作业。

（4）女职工在哺乳期禁忌从事的劳动范围

1.）孕期禁忌从事的劳动范围的第一项、第三项、第九项。

2）作业场所空气中锰、氟、溴、甲醇、有机磷化合物、有机氯化合物等有毒物质浓度超过国家职业卫生标准的作业。

20. 为什么未成年工享有特殊劳动保护权利？

未成年工依法享有特殊劳动保护的权利。这是针对未成年工处于生长发育期的特点所采取的特殊劳动保护措施。

未成年工处于生长发育期，身体机能尚未健全，也缺乏生产知识和生产技能，过重及过度紧张的劳动、不良的工作环境、不适的劳动工种或劳动岗位，都会对他们产生不利影响，如果劳动过程中不进行特殊保护就会损害他们的身体健康。

例如，未成年少女长期从事负重作业和立位作业，可影响骨盆正常发育，导致其成年后生育难产发病率增高；未成年工对生产性毒物敏感性较高，长期从事有毒有害作业易引起职业中毒，影响其生长发育。

法律提示

《中华人民共和国劳动法》第五十八条第二款规定，未成年工是指年满十六周岁未满十八周岁的劳动者。

第六十四条规定：不得安排未成年工从事矿山井下、有毒有害、国家规定的第四级体力劳动强度的劳动和其他禁忌从事的劳动。

第六十五条规定：用人单位应当对未成年工定期进行健康检查。

关于未成年工其他特殊劳动保护政策和未成年工禁忌作业范围的规定，可查阅《中华人民共和国未成年人保护法》《未成年工特殊保护规定》等。

21. 签订劳动合同时应注意哪些事项？

劳动者在上岗前应和用人单位依法签订劳动合同，建立明确的劳动关系，确定双方的权利和义务。关于劳动保护和安全生产，在签订劳动合同时应注意两方面的问题：第一，在合同中要载明保障劳动者劳动安全、防止职业危害的事项；第二，在合同中要载明依法为劳动者办理工伤保险的事项。

遇有以下合同不要签：

（1）“生死合同”

在危险性较高的行业，用人单位往往在合同中写上一些逃避责任的条款，如“发生伤亡事故，单位概不负责”等。

（2）“暗箱合同”

这类合同隐瞒工作过程中的职业危害，或者采取欺骗手段剥夺劳动者的合法权利。

（3）“霸王合同”

有的用人单位与劳动者签订劳动合同时，只强调自身的利益，无视劳动者依法享有的权益，不容许劳动者提出意见，甚至规定“本合同条款由用人单位解释”等。

（4）“卖身合同”

这类合同要求劳动者无条件听从用人单位安排，用人单位可以任意安排加班加点、强迫劳动，使劳动者完全失去人身自由。

（5）“双面合同”

一些用人单位在与劳动者签订合同时准备了两份合同，一份合同用来应付有关部门的检查，一份用来约束劳动者。

法律提示

《安全生产法》规定：生产经营单位与从业人员订立的劳动合同，应当载明有关保障从业人员劳动安全、防止职业危害的事项，以及依法为从业人员办理工伤保险的事项。生产经营单位不得以任何形式与从业人员订立协议，免除或者减轻其对从业人员因生产安全事故伤亡依法应承担的责任。

22. 职工为何必须遵章守制与服从管理?

安全生产规章制度、安全操作规程是生产经营单位管理规章制度的重要组成部分。

根据《安全生产法》及其他有关法律、法规和规章的规定，生产经营单位必须制定本单位安全生产的规章制度和操作规程，职工必须严格依照这些规章制度和操作规程进行生产经营作业。

单位的负责人和管理人员有权依照规章制度和操作规程进行安全管理，监督检查职工遵章守制的情况。依照法律规定，生产经营单位的职工不服从管理，违反安全生产规章制度和操作规程的，由生产经营单位给予批评教育，依照有关规章制度给予处分；造成重大事故，构成犯罪的，依照刑法有关规定追究其刑事责任。

23. 为什么必须按规定佩戴和使用劳动防护用品?

职工在劳动生产过程中应履行按规定佩戴和使用劳动防护用品的义务。

按照法律法规的规定，为保障人身安全，用人单位必须为职工提供必要的、安全的劳动防护用品，以避免或者减轻作业中的人身伤害。但在实践中，一些职工缺乏安全知识，心存侥幸或嫌麻烦，往往不按规定佩戴和使用劳动防护用品，由此引发的人身伤害事故时有发生。另外，有的职工由于不会或者没有正确使用劳动防护用品，同样也难以避免受到人身伤害。因此，正确佩戴和使用劳动防护用品是职工必须履行的法定义务，这是保障职工人身安全和生产经营单位安全生产的需要。

血的教训

某日下午，某水泥厂包装工在进行倒料作业。包装工王某因脚穿拖鞋，行动不便，重心不稳，左脚踩进螺旋输送机上部 10 厘米宽的缝隙内，正在运行的机器将其脚和腿绞了进去。王某大声呼救，其他人员见状立即停车并反转盘车，才将王某的脚和腿撤出。尽管王某被迅速送到医院救治，仍造成左腿高位截肢。

造成这起事故的直接原因是王某未按规定穿工作鞋，而是穿着拖鞋，在凹凸不平的机器上行走，失足踩进机器缝隙。这起事故说明，上班时间职工必须按规定佩戴和使用劳动防护用品，绝不允许穿着拖鞋上岗操作。一旦发现这种违章行为，班组长以及其他职工应该及时纠正。

24. 为什么应当接受安全教育和培训?

不同企业、不同工作岗位和不同的生产设施设备具有不同的安全技术特性和要求。随着高新技术装备的大量使用，用人单位对职工的安全素质要求越来越高。职工安全意识和安全技能的高低，直接关系企业生产活动的安全可靠性。职工需要具有系统的安全知识、熟练的安全生产技能，以及对不安全因素、事故隐患、突发事故的预防、处理能力和经验。要适应企业生产活动的需要，职工必须接受专门的安全生产教育和业务培训，不断提高自身的安全生产技术知识和能力。

25. 三级安全教育的内容有哪些?

三级安全教育是企业的基本安全教育制度，是指对新入厂职工开展的入厂教育、车间教育、班组教育。

（1）入厂教育是指新入厂职工在被分配到车间或工作岗位之前必须进行的初步的安全教育，主要是了解本企业安全生产概况和企业内的特殊危险源，以及基本的安全技术知识等。

（2）车间教育是指车间对新入厂职工进行的车间安全教育，主要是了解车间的规章制度及车间内的危险区、典型案例等。

（3）班组教育是指班组长对新入厂职工在上岗前进行的安全教育，主要是了解本工段或生产班组的安全生产情况、工作性质和职责范围、容易发生事故的部位、劳动防护用品的使用和管理等。

26. 职工在工作时，发现危及人身安全的紧急情况能停止作业和紧急撤离吗?

由于在生产过程中自然和人为的危险因素不可避免，经常会在作业时发生危及职工人身安全的危险情况。当遇到危险紧急情况并且无法避免时，最大限度地保护现场作业人员的生命安全是第一位的，因此法律赋予职工享有停止作业和紧急撤离的权利。

27. 职工在工作时，遇到违章指挥和强令冒险作业怎么办?

职工有权拒绝违章指挥和强令冒险作业，这是保护职工生命安全和身体健康的一项重要权利。

在生产劳动过程中，有时会出现企业负责人或者管理人员违章指挥和强令职工冒险作业的情况，由此导致事故，造成人员伤亡。因此，法律赋予职工拒绝违章指挥和强令冒险作业的权利，不仅是为了保护职工的人身安全，也是为了警示企业负责人和管理人员必须照章指挥，保障安全。企业不得因职工拒绝违章指挥和强令冒险作业而对其进行打击报复。

28. 发现事故隐患应该怎么办?

职工往往属于事故隐患和不安全因素的第一当事人。许多生产安全事故正是由于职工在作业现场发现事故隐患和不安全因素后，没有及时报告，以致延误了采取措施进行紧急处理的时机，最终酿成惨剧。相反，如果职工尽职尽责，及时发现并报告事故隐患和不安全因素，使之得到及时、有效的处理，就完全可以避免事故发生或降低事故损失。所以，发现事故隐患和不安全因素并及时报告是贯彻落实安全第一、预防为主、综合治理安全生产方针，是加强事前防范的重要措施。

29. 什么是火灾?

火灾是指在时间和空间上失去控制的物质燃烧所造成的灾害，一般情况下可以认为火灾是一种意外的、不可控的物质燃烧过程。

30. 火灾有哪些类型?

（1）按照标准分类

按照国家标准《火灾分类》（GB/T 4968—2008），火灾根据可燃物的类型和燃烧特性，分为 A、B、C、D、E、F 六大类。

1）A 类火灾：指普通固体物质火灾。这种物质通常具有有机物质性质，一般在燃烧时能产生灼热的余烬。如木材、干草、煤炭、棉、毛、麻、纸张、塑料（燃烧后有灰烬）等燃烧而引起的火灾。

2）B 类火灾：指液体或可熔化的固体物质火灾。如煤油、柴油、原油、甲醇、乙醇、沥青、石蜡等燃烧而引起的火灾。

3）C 类火灾：指气体火灾。如煤气、天然气、甲烷、乙烷、丙烷、氢气等可燃气体燃烧而引起的火灾。

4）D 类火灾：指金属火灾。如钾、钠、镁、钛、锆、锂、铝镁合金等可燃金属燃烧而引起的火灾。

5）E 类火灾：指带电火灾。物体带电燃烧的火灾。

6）F 类火灾：指烹饪器具内的烹饪物（如动植物油脂）火灾。

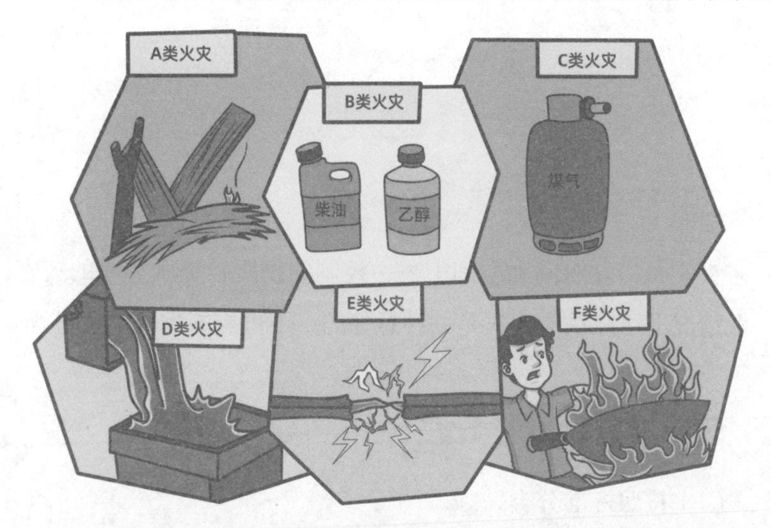

（2）按火灾损失严重程度分类

1）特别重大火灾：指造成 30 人以上死亡，或者 100 人以上重伤，或者 1 亿元以上直接财产损失的火灾。

2）重大火灾：指造成 10 人以上 30 人以下死亡，或者 50 人以上 100 人以下重伤，或者 5 000 万元以上 1 亿元以下直接财产损失的火灾。

3）较大火灾：指造成 3 人以上 10 人以下死亡，或者 10 人以上 50 人以下重伤，或者 1 000 万元以上 5 000 万元以下直接财产损失的火灾。

4）一般火灾：指造成 3 人以下死亡，或者 10 人以下重伤，或者 1 000 万元以下直接财产损失的火灾。

（3）按火灾发生场地与燃烧物质分类

1）建筑火灾。主要有普通建筑火灾、高层建筑火灾、大空间建筑火灾、商场火灾、地下建筑火灾、古建筑火灾等。

2）物资（仓库）火灾。主要有化学危险品库火灾、石油库火灾、可燃气体库火灾。

3）生产工艺火灾。主要有普通工厂矿山火灾、化工厂火灾、石油化工厂火灾、可燃物爆炸火灾等。

4）原野火灾（自然火灾）。主要有森林火灾，草原火灾等。

5）运输工具火灾。主要有汽车火灾、火车火灾、船舶火灾、飞机火灾、航天器火灾等。

6）特种火灾。主要有战争火灾、地震火灾、辐射性区域火灾等。

在所有火灾中，按损失划分，建筑火灾约占 2/3，是各类火灾损失总量最大的；在物资火灾中，石油库火灾损失量最大。在原野火灾中，森林火灾损失量最大，现在全世界 28 亿公顷森林中，每年被火灾烧毁约 1 000 万公顷。

31. 典型的火灾发展规律如何?

通过对大量的火灾的研究分析得出，典型的火灾发展过程分为初起期、发展期、最盛期、减弱期和熄灭期。初起期是火灾开始发生的阶段，这一阶段主要特征是冒烟、阴燃，这一阶段是灭火的最佳时机；发展期是火势由小到大发展的阶段，轰燃就发生在这一阶段；最盛期的火灾燃烧方式是通风控制火灾，火势的大小由建筑物的通风情况决定；减弱期和熄灭期是火灾由最盛期开始消减直至熄灭的阶段，熄灭的原因可以是燃料不足、灭火系统的作用等。由于建筑物内可燃物、通风等条件的不同，建筑火灾有可能达不到最盛期，而是缓慢发展后就熄灭了。

32. 常见的灭火方法有哪些?

灭火时，人们采取的基本方法主要有以下几种：

（1）冷却灭火法

例如，将灭火剂直接喷洒在可燃物上，使可燃物的温度降低到其燃点以下，从而使燃烧停止；用水冷却尚未燃烧的可燃物，防止其达到燃点而燃烧。用水扑救火灾，其主要作用就是冷却灭火，一般物质起火，都可以用水来冷却灭火。

（2）窒息灭火法

常规火灾中，可燃物质在没有空气或空气中的含氧量低于可燃物质燃烧所需最低含氧量的条件下是不能燃烧的。所谓窒息法，就是隔断燃烧物的空气供给，采取适当的措施，阻止空气进入燃烧区，或用稀有气体稀释空气中的氧气，使燃烧物质缺乏或断绝氧气而熄灭。这种方法适用于扑救封闭式的空间、生产设备装置及容器内的火灾。

运用窒息灭火法扑救火灾时，可采用石棉被、湿麻袋、湿棉被、沙土、泡沫等不燃或难燃材料覆盖燃烧或封闭孔洞，再用水蒸气、稀有气体充入燃烧区域，利用建筑物上原有的门以及生产储运设备上的部件来封闭燃烧区，以阻止空气进入。

（3）隔离灭火法

可燃物是燃烧最重要的条件之一，如果把可燃物与点火源或空气隔离开来，那么燃烧反应就会自动中止。如喷洒灭火剂把可燃物同空气和热隔离开来；用泡沫灭火剂产生的泡沫覆盖于燃烧的液体或固体的表面，把可燃物与火焰、空气隔开等。

采取隔离灭火法的具体措施有很多。例如，将火源附近的易燃易爆物质转移到安全地点；关闭设备或管道上的阀门，阻止可燃气体、液体流入燃烧区；拆除与火源相邻的易燃建筑结构，形成阻止火势蔓延的空间地带等。

（4）抑制灭火法

将化学灭火剂喷入燃烧区参与燃烧反应，使游离基的链式反应中止，从而使燃烧反应停止或不能持续下去。采用这种方法可使用的灭火剂有干粉和卤代烷。灭火时，应将足够量的灭火剂准确地喷射到燃烧区内，使灭火剂阻断燃烧反应，同时还应采取冷却降温措施，以防复燃。

33. 什么是爆炸？爆炸有哪些类型？

广义地说，爆炸是物质在瞬间以机械功的形式释放出大量气体和能量的现象。由于物质状态的急剧变化，爆炸发生时会使压力猛烈增大并发生巨大的声响。

按照产生的原因和性质，可将爆炸分为物理爆炸、化学爆炸和核爆炸。

（1）物理爆炸

物理爆炸是由物理变化（温度、体积和压力等因素变化）引起的，在爆炸的前后，爆炸物质的性质及化学成分均不改变。

锅炉的爆炸是典型的物理爆炸，其原因是过热的水迅速蒸发出大量蒸汽，使蒸汽压力不断提高，当压力超过锅炉的极限强度时，就会发生爆炸。物理性爆炸是蒸汽和气体膨胀力作用的瞬时

表现，它们的破坏性取决于蒸汽或气体的压力。

（2）化学爆炸

化学爆炸是由物质的化学变化造成的。化学爆炸的物质不论是可燃物质与空气的混合物，还是爆炸性物质（如炸药），都是一种相对不稳定的系统，在外界一定强度的能量作用下，能产生剧烈的放热反应，产生高温高压和冲击波，从而引起强烈的破坏作用。

（3）核爆炸

核爆炸是剧烈核反应中能量迅速释放的结果，可能是由核裂变、核聚变或者是这两者的多级串联组合所引发的。

34. 火灾爆炸事故的特点有哪些？

（1）严重性

火灾爆炸事故所造成的后果，往往是比较严重的，它容易造成重大伤亡事故。例如：某市亚麻厂的粉尘爆炸事故，死亡 57 人，伤 178 人，13 000 平方米的建筑物被炸毁，3 个车间变成了废墟；1977 年英国发生了一起由雷击引起的火药库爆炸事故，共造成约 3 000 人死亡。

（2）复杂性

发生火灾爆炸事故的原因往往比较复杂。例如发生火灾爆炸事故的条件之一——点火源，包括明火、化学反应热、物质的分解自燃、热辐射、高温表面、撞击或摩擦、绝热压缩、电气火花、静电放电、雷电和日光照射等；至于另一个条件可燃物，更是种类繁多，包括各种可燃气体、可燃液体和可燃固体，特别是化工企业的原材料、化学反应的中间产物和化工产品，大多属于可燃物质。加上发生火灾爆炸事故后由于房屋倒塌、设备毁坏、人员伤亡等，也给事故原因的调查分析带来不少困难。

（3）突发性

火灾爆炸事故往往是在人们意想不到的时候突然发生的。虽然存在着事故征兆，但一方面是由于目前对火灾爆炸事故的监测、报警等手段的可靠性、实用性和广泛性等尚不理想，另一方面则是因为至今还有相当多的人员（包括操作者和生产管理人员）对火灾爆炸事故的规律及其征兆了解和掌握得不够，使火灾爆炸事故的发生不能被提前发现。例如：某化工厂车间实验室的煤气管道因年久失修而漏气，操作工人竟然划火柴去查找漏气的部位，结果引起爆炸，炸毁 26 间房屋和许多精密仪器，并造成 11 人伤亡，损失惨重。

35. 常见的火灾爆炸事故原因有哪些?

火灾爆炸事故的原因具有复杂性，不过生产过程中发生的事故主要是由于人的操作失误、设备的缺陷、物料和环境的不安全状态、管理不善等引起的。因此，火灾爆炸事故的主要原因基本上可以从人、设备、物料、环境和管理等方面加以分析。

（1）人的原因

通过对大量火灾爆炸事故的调查和分析结果表明，有不少事故是由于操作者缺乏有关的科学知识，在火灾爆炸险情面前思想麻痹、存在侥幸心理或是不负责任、违章作业等引起的。

（2）设备的原因

如设计错误且不符合防火防爆的要求，选材不当或设备上缺乏必要的安全防护装置，密闭不良，制造工艺的缺陷等。

（3）物料的原因

如可燃物质的自燃，各种危险物品的相互作用，在运输装卸时受剧烈震动撞击等。

（4）环境的原因

如潮湿、高温、通风不良、雷击等。

（5）管理的原因

规章制度不健全，没有合理的安全操作规程，没有设备的计划检修制度；生产用窑、炉、干燥器以及通风、采暖、照明设备等失修；生产管理人员不重视安全，不重视安全宣传教育和培训。

36. 什么是三级动火审批制度？

所谓动火作业，是指在生产中动用明火或可能产生火种的作业，如熬沥青、烘沙、烤板等明火作业和凿水泥基础、打墙眼、电气设备的耐压试验、电烙铁锡焊、凿键槽、开坡口等易产生火花或高温的作业等都属于动火作业的范围。动火作业所用的工具一般是指电焊、气焊（割）、喷灯、砂轮、电钻等。

为保证消防安全，企业应设固定的动火车间（或场地），同时加强对临时动火的部位和场所管理，实行三级动火审批制度。

（1）一级动火审批

一级动火的情况有：在禁火区域内作业；使用油罐、油槽车以及储存过可燃气体、易燃可燃液体的各种容器和设备的作业；使用各种有压设备；危险性较大的高空焊割作业；在比较密闭的房间、容器和场所内作业；在堆存有大量可燃和易燃物质的现场作业等。一级动火审批制度的基本内容有：由要求进行焊割作业的车间或企业的行政负责人填写动火申请单，交调度部门，由其召集焊工、安全、保卫、消防等有关人员到现场，根据现场实际情况，议出安全实施方案，明确岗位责任，定出作业时间，由参加部门的有关人员在动火申请单上签字，然后交企业主管领导审批。对危险性特别大的动火项目，由企业向上级有关主管部门提出报告，经审批同意后，才能进行动火。

（2）二级动火审批

二级动火的情况有：在具有一定火险因素的非禁火区域内进

行临时性焊割作业；使用小型的油箱、油桶等容器动火作业；登高焊割作业等。二级动火审批制度的基本内容有：由申请焊割作业者填写动火申请单，由车间或工段的负责人召集焊工、车间安全员进行现场检查，在落实安全措施的前提下，由车间负责人、焊工和车间安全员在申请单上签字，并交给企业或保卫部门审批。

（3）三级动火审批

凡属非固定的、没有明显火险因素的场所以及必须临时进行焊割作业都属三级动火范围。三级动火审批制度的基本内容：由申请动火者填写动火申请单，由焊工、车间或工段安全员签署意见后，报车间或工段长审批。

37. 不能用水扑灭的火灾有哪些?

（1）电气设备火灾

电气设备发生火灾时，首先要切断电源。在无法断电的情况下千万不能用水和泡沫扑救，因为水和泡沫都能导电。应选用二氧化碳灭火器、干粉灭火器或者干沙土等进行扑救，而且要与电气设备和电线保持 2 米以上的距离。

（2）油锅起火

油锅起火时，千万不能用水扑灭。因为水遇到热油会形成“炸锅”，使油火到处飞溅。正确的扑救方法是，迅速将切好的冷菜沿边倒入锅内，火就自动熄灭了。另一种方法是用锅盖或能遮住油锅的大块湿布遮盖到起火的油锅上，使燃烧的油火因接触不到空气而缺氧熄灭。

（3）燃料油、油漆起火

储存的燃料油或油漆起火千万不能用水扑灭，应用泡沫灭火器、干粉灭火器或沙土等进行扑救。

（4）危险化学品起火

例如，在学校实验室常存有一定量的硫酸、硝酸、盐酸、碱金属钾、钠、锂，易燃金属铝粉、镁粉等，这些物品遇水后极易发生反应或燃烧，发生火灾是绝不能用水扑救的，应用干粉、水泥、或干沙覆盖。覆盖时应先从着火区域四周尤其是下风处等火势主要蔓延方向开始，形成孤立火势的隔离带，然后逐步向起火点进逼。

38. 建筑施工现场应采取哪些主要的消防安全措施?

（1）建立落实防火责任制

建筑工地施工人员多，往往几个单位在一个工地施工，管理难度大，因而，必须认真贯彻“谁主管、谁负责”的原则，明确安全责任，逐级签订安全责任书，确保安全。

（2）现场要按标准配备消防器材

必须配备消防用水和消防器材，要害部位应配备不少于4个灭火器，并经常检查、维护、保养，保证灭火器材灵敏有效。定期组织施工现场的义务消防队员进行教育培训。

（3）加强施工现场道路管理

合理规划施工现场，留出足够的防火间距。施工现场必须设置临时消防车道，其宽度不得小于 3.5 米，并保证其全天候畅通。禁止堆物、堆料或挤占临时消防车道。

（4）加强对明火的管理

保证明火与可燃、易燃物堆场和仓库的防火间距，防止飞火，对残余火种应及时熄灭；加强电焊、气焊操作管理；切实加强临时用电和生活用电安全管理。

（5）加强教育培训

在建筑施工现场消防管理中，还要对重点工种人员进行教育培训，特别是要对一些从事火灾危险性较大的工种，如电工、油漆工、焊工、锅炉工等进行专门的消防知识教育培训，保证施工安全。

39. 建筑施工现场哪些场所需要配置灭火器?

（1）易燃易爆危险品存放及使用场所。

（2）动火作业场所。

（3）可燃材料存放、加工及使用场所。

（4）厨房操作间、锅炉房、发电机房、变配电房、设备用房、办公用房、宿舍等临时用房。

（5）其他具有火灾危险的场所。

40. 建筑施工现场灭火器材的配备有哪些要求?

（1）临时搭设的建筑物区域内应按规定配备消防器材：一般临时设施区，每 100 平方米配备两只 10 升灭火器；总面积超过

1 200平方米的大型临时设施区，应备有专供消防用的太平桶、积水桶（池），黄沙池等器材设施。上述设施周围不得堆放物品。

（2）临时木工间、油漆间、机具间等，每25平方米应配置一只种类合适的灭火器；油库、危险品仓库应配备足够数量、种类合适的灭火器。

（3）施工现场应配备足够的消防器材，指定专人维护、管理、定期更新，以保证完整好用。

41. 建筑施工现场执行动火作业有哪些安全要求?

（1）动火作业应办理动火审批手续。动火申请单签发人收到动火申请后，应前往现场查验并确认动火作业的防火措施已经落实后才能签发。

（2）动火操作人员应具有相应作业资格。

（3）进行焊接、切割、烘烤或加热等动火作业前，应对作业现场的可燃物进行清理；作业现场及其附近无法移走的可燃物应采用不燃材料对其覆盖或隔离。

（4）施工作业安排时，宜将动火作业安排在使用可燃建筑材料的施工作业前进行。确需在使用可燃建筑材料的施工作业之后进行动火作业时，应采取可靠的防火措施。

（5）严禁在裸露的可燃材料上直接进行动火作业。

（6）焊接、切割、烘烤或加热等动火作业应配备灭火器材，并应设置动火现场监护人，每个动火作业点均应设置1个监护人。

（7）五级以上（含五级）风力时，应停止焊接、切割等室外动火作业；确需动火作业时，应采取可靠的挡风措施。

（8）动火作业后，应对现场进行检查，并应在确认无火灾危险后，动火操作人员才可以离开。

（9）具有火灾爆炸危险的场所严禁明火。

（10）施工现场不应采用明火取暖。

（11）厨房操作间炉灶使用完毕后，应将炉火熄灭，排油烟机及油烟管道应定期清理油垢。

42. 建筑施工过程中安装电气设备应遵循哪些规定?

（1）电气设备应由具有电工资格的人员负责安装和维修，严格执行安全操作规程。每年应对电气线路和设备进行安全性能检查，必要时应委托专业机构进行电气消防安全检测。

（2）防爆、防潮、防尘的部位安装电气设备应符合有关安全要求。

（3）电气线路敷设、设备安装应采取下列防火措施：

1）明敷塑料导线应穿管或加线槽保护，吊顶内的导线应穿金属管或 B_1 级 PVC 管保护，导线不应裸露，并应留有 1~2 处检修孔。

2）配电箱的壳体和底板宜采用 A 级材料制作。配电箱不应安装在 B_2 级以下（含 B_2 级）的装修材料上。

3）开关、插座应安装在 B_1 级以上的材料上。

4）照明、电热器等设备的高温部位靠近非 A 级材料，导线穿

越 B_2 级以下装修材料时，应采用 A 级材料隔热。

5）禁止使用铜线、铝线代替熔断丝。

电气设备的安装和线路的敷设还应符合《建筑电气工程施工质量验收规范》（GB 50303—2015）、《建筑设计防火规范》（GB 50016—2014）及《人民防空工程设计防火规范》（GB 50098—2009）等国家标准的有关要求。

43. 建筑内部装修应遵循哪些消防安全规定?

（1）建筑内部装修设计应妥善处理装修效果和使用安全的矛盾，积极采用不燃性材料和难燃性材料，尽量避免采用在燃烧时产生大量浓烟或有毒气体的材料，做到安全适用、技术先进、经济合理。

（2）装修材料应严格选用符合防火等级标准的合格材料。

（3）当采用不同装修材料进行分层装修时，各层装修材料的燃烧性能等级均应符合消防规范的要求。

（4）当建筑内部顶棚或墙面表面局部采用多孔或泡沫状塑料时，其厚度不应大于 15 毫米，且面积不得超过该房间顶棚或墙面积的 10%。

（5）应根据被装修建筑的使用性质，严格按照标准区别选用装修材料。

44. 建筑施工中焊割作业的“十不烧”是什么？

建筑施工焊割作业必须坚持“十不烧”原则：

（1）焊工必须持证上岗，无特种作业操作证的人员，不准进行焊割作业。

（2）凡属一级、二级、三级动火范围的焊割作业，未经办理动火审批手续，不准进行焊割。

（3）焊工不了解焊割现场周围情况，不准进行焊割作业。

（4）焊工不了解焊件内部是否安全时，不准进行焊割作业。

（5）各种装过可燃气体、易燃液体和有毒物质的容器，未经彻底清洗、排除危险性之前，不准进行焊割作业。

（6）用可燃材料作保温层、冷却层或者作为隔声、隔热设备的组成材料，若处于火星能飞溅到的地方，在未采取切实可靠的安全措施之前，不准进行焊割。

（7）有压力或密闭的管道、容器内，不准进行焊割作业。

（8）焊割部位附近有易燃易爆物品，在未做清理或未采取有效的安全措施前，不准进行焊割作业。

（9）附近有工种在作业存在遇明火有着火可能的材料时，不准进行焊割作业。

（10）与外单位相连的部位，在没有弄清有无险情，或明知存在危险而未采取有效的措施之前，不准进行焊割作业。

血的教训

2010 年 11 月 15 日 14 时，上海市静安区胶州路一栋高层公寓起火。起火点位于 10~12 层，很短时间内，整栋楼都被大火吞噬包围。大火导致 58 人遇难，另有 70 余人入院治疗，火灾事故造成的财产损失巨大，在社会上造成极其恶劣的影响。事故主要直接原因是由无证电焊工违章操作引起的，4 名犯罪嫌疑人被依法刑事处理。事故间接原因包括：装修工程违法违规、层层多次分包；施工作业现场管理混乱，存在明显抢工行为；事故现场违规使用大量尼龙网、聚氨酯泡沫等易燃材料等。

45. 特殊建筑施工现场有哪些防火要求?

（1）高度为 24 米以上的高层建筑施工现场，应设置具有足够扬程的高压水泵或其他防火设备和设施，并根据施工现场的实际要求，增设临时消防水箱，以保证有足够的消防水源。

（2）高层建筑施工楼面应配备专职防火监护人员，巡回检查各施工点的消防安全情况。进入内装饰施工阶段，要明确规定吸烟点。

（3）高层建筑和地下工程施工现场应备有通信报警装置，以便于及时报告险情。

（4）严禁在屋顶用明火熔化沥青。

（5）古建筑和重要文物单位，应由主管部门、使用单位会同施工单位共同制定消防安全措施，报上级管理部门和当地消防救援部门批准后，方可开工。

（6）施工作业期间需搭设临时性建筑物，必须经施工企业技术负责人批准，施工结束后应及时拆除。但不得在高压架空线下面搭设临时性建筑物或堆放可燃物品。

46. 建筑施工现场动火区域如何划分？

（1）一级动火区域：禁火区域内；油罐、油箱、油槽车和储存过可燃气体、易燃液体的容器以及连接在一起的辅助设备；各种受压设备；危险性较大的登高焊割作业；比较密封的室内、容器内、地下室等场所；现场堆有大量可燃和易燃物质的场所。

（2）二级动火区域：在具有一定危险因素的非禁火区域进行临时焊割等用火作业；小型油箱等容器；登高焊割等用火作业。

（3）三级动火区域：在非固定的、无明显危险因素的场所进行用火作业。

47. 建筑施工中消防车道的设计有哪些要求？

（1）消防车道的净宽度和净空高度均不应小于 4 米，供消防车停留的空地，其坡度不宜大于 3%。

（2）环行消防车道至少应有两处与其他车道连通；尽头式消防车道应设置回车道或回车场，回车场的面积不应小于 12 米 ×12 米，供大型消防车使用时，不宜小于 18 米 ×18 米。

（3）消防车道的转弯半径应符合通车要求。一般普通消防车的转弯半径为 9 米，登高车的转弯半径为 12 米，一些特种车辆的转弯半径为 16~20 米。

（4）消防车道距离高层民用建筑外墙宜大于 5 米，当消防车道上空遇有障碍物时，路面与障碍物之间的净空不应小于 4 米。

（5）消防车道下的管道和暗沟的承压能力应根据当地消防车辆的实际情况确定。

（6）消防车道可利用交通道路，但应满足消防车通行与停靠的要求。

（7）消防车道不宜与铁路正线平交，如必须平交，应设置备用车道，且两车道的间距不应小于一列火车的长度。

（8）消防车道与高层民用建筑之间，不应设置妨碍举高消防车操作的树木、架空管线等。

48. 工业建筑的防火要求有哪些？

在《建筑设计防火规范》（GB 50016—2014）中，根据仓库储存物品的火灾危险性不同，将仓库分为甲、乙、丙、丁、戊五类，储存物品的火灾危险性分类详见表 4–1。

表 4–1 储存物品的火灾危险性分类

储存物品的火灾危险性类别	储存物品的火灾危险性特征
甲	1. 闪点小于 28 ℃的液体； 2. 爆炸下限小于 10% 的气体，受到水或空气中水蒸气的作用能产生爆炸下限小于 10% 气体的固体物品； 3. 常温下能自行分解或在空气中氧化能导致迅速自燃或爆炸的物品； 4. 常温下受到水或空气中水蒸气的作用，能产生可燃气体并引起燃烧或爆炸的物品； 5. 遇酸、受热、撞击、摩擦以及遇有机物或硫黄等易燃的无机物，极易引起燃烧或爆炸的强氧化剂； 6. 受撞击、摩擦或与氧化剂、有机物接触时能引起燃烧或爆炸的物品
乙	1. 闪点不小于 28 ℃，但小于 60 ℃的液体； 2. 爆炸下限不小于 10% 的气体； 3. 不属于甲类的氧化剂； 4. 不属于甲类的易燃固体； 5. 助燃气体； 6. 常温下与空气接触能缓慢氧化、积热不散引起自燃的物品
丙	1. 闪点不小于 60 ℃的液体； 2. 可燃固体
丁	难燃烧物品
戊	不燃烧物品

根据厂房使用或生产的物质的火灾危险性不同，将厂房分为甲、乙、丙、丁、戊五类，使用或产生的物质的火灾危险性分类详见下表 4–2。

表 4–2　　生产的火灾危险性分类

生产的火灾危险性类别	使用或产生下列物质生产的火灾危险性特征
甲	1. 闪点小于 28 ℃的液体； 2. 爆炸下限小于 10% 的气体，受到水或空气中水蒸气的作用能产生爆炸下限小于 10% 气体的固体物质； 3. 常温下能自行分解或在空气中氧化能导致迅速自燃或爆炸的物质； 4. 常温下受到水或空气中水蒸气的作用，能产生可燃气体并引起燃烧或爆炸的物质； 5. 遇酸、受热、撞击、摩擦以及遇有机物或硫黄等易燃的无机物，极易引起燃烧或爆炸的强氧化剂； 6. 受撞击、摩擦或与氧化剂、有机物接触时能引起燃烧或爆炸的物质； 7. 在密闭设备内操作温度不小于物质本身自燃点的生产
乙	1. 闪点不小于 28 ℃，但小于 60 ℃的液体； 2. 爆炸下限不小于 10% 的气体； 3. 不属于甲类的氧化剂； 4. 不属于甲类的易燃固体； 5. 助燃气体； 6. 能与空气形成爆炸性混合物的浮游状态的粉尘、纤维、闪点不小于 6 ℃的液体雾滴

续表

生产的火灾危险性类别	使用或产生下列物质生产的火灾危险性特征
丙	1. 闪点不小于 60 ℃的液体； 2. 可燃固体
丁	1. 对不燃烧物质进行加工，并在高温或熔化状态下经常产生强辐射热、火花或火焰的生产； 2. 利用气体、液体、固体作为燃料或将气体、液体进行燃烧做其他用的各种生产； 3. 常温下使用或加工难燃烧物质的生产
戊	常温下使用或加工不燃烧物质的生产

各种工业企业总平面防火要根据建筑自身及相邻单位的火灾危险性，综合考虑地形、周围环境以及风向等，进行合理布置，一般应符合以下要求：

（1）规模较大的工厂、仓库，要根据实际需要，合理划分生产区、储存区（包括露天储存区）、生产辅助设施区和行政办公、生活福利区等。

（2）同一生产企业内，若有火灾危险性大和火灾危险性小的生产建筑，则宜尽量将火灾危险性相同或相近的建筑集中布置，以便分别采取防火防爆措施，便于安全管理。仓库内严禁设置员工宿舍。甲、乙类仓库（分类标准见表 4–1）内严禁设置办公室、休息室等，并不应贴邻建造。

（3）注意周围环境。在选择工厂、仓库地点时，既要考虑本单位的安全，又要考虑建厂地区的企业和居民的安全。易燃易爆工厂、仓库的生产区不得修建办公楼、宿舍等民用建筑。为了便于警卫巡视和防止火灾蔓延，易燃易爆工厂、仓库应用实体围墙与外界隔开。

（4）地势条件。甲、乙、丙类液体仓库（分类标准见表 4–1），宜布置在地势较低的地方，以免对周围环境带来火灾威胁；若必须布置在地势较高处，则应采取一定的防火措施（如设置能截挡全部流散液体的防火堤）。乙炔站等遇水产生可燃气体的工业企业，严禁布置在易被水淹没的地方。对于爆炸物品仓库，宜优先利用地形，如选择多面环山、附近没有建筑物的地方，以减少爆炸时的危害。

（5）注意风向。散发可燃气体，可燃蒸气和可燃粉尘的车间、装置等，应布置在厂区的全年主导风向的下风向。

（6）物质接触能引起燃烧、爆炸的两建筑物或露天生产装置应分开布置，并应保持足够的安全距离。

在合理布置建筑的同时，还应合理敷设各种管线。各种地下管线与建筑物、构筑物之间的水平净距不应小于有关规范的规定。管线铺设方式不同，其相应的防火要求也不一样。

49. 工业建筑安全出口应符合哪些规定?

工业建筑安全出口数目应符合下列规定：

（1）厂房安全出口的数量不应少于 2 个。

（2）厂房的地下室、半地下室的安全出口的数量不应少于 2 个。当使用面积不超过 50 平方米且人数不超过 15 人时可设 1 个。

（3）地下室、半地下室如用防火墙隔成几个防火分区时，每个防火分区可利用防火墙上通向相邻分区的防火门作为第二安全出口，但每个防火分区必须有1个直通室外的安全出口。

（4）库房或每个隔间（冷库除外）的安全出口数量应不少于2个，但一座库房占地面积不超过300平方米时可设一个疏散楼梯，面积不超过100平方米的防火隔间，可设一扇门。

（5）库房的地下室、半地下室（冷库除外）的安全出口数量应不少于2个，但面积不超过100平方米时可设1个。

50. 民用建筑的防火要求有哪些?

在进行总平面设计时，应根据城市规划合理确定高层民用建筑、其他重要公共建筑的位置、防火间距、消防车道和消防水源等。

（1）民用建筑不应与厂房和仓库合建在同一座建筑内，其平面布置应结合使用功能和安全疏散要求等因素合理布置。

（2）经营、存放和使用甲、乙类物品（分类标准见表4–1和表4–2）的商店、作坊和储藏间，严禁设置在民用建筑内。

（3）高层民用建筑和重要的公共建筑不宜布置在火灾危险性为甲、乙类厂（库）房，甲、乙、丙类液体和可燃气体储罐以及可燃材料堆场附近（分类标准见表4–1和表4–2）。

51. 哪些场所需要设置火灾照明和疏散指示标志?

除建筑高度小于 27 米的住宅建筑外，民用建筑、厂房和丙类仓库的下列部位应设置疏散指示标志：

（1）封闭楼梯间、防烟楼梯间及其前室、消防电梯间的前室或合用前室、避难走道、避难层（间）。

（2）观众厅、展览厅、多功能厅和建筑面积大于 200 平方米的营业厅、餐厅、演播室等人员密集的场所。

（3）建筑面积大于 100 平方米的地下或半地下公共活动场所。

（4）公共建筑内的疏散走道。

（5）人员密集的厂房内的生产场所及疏散走道。

52. 事故照明和疏散指示标志的安装应满足哪些要求?

（1）安装在疏散走道、疏散门、太平门和居住建筑内长度超过 20 米的内走道的墙面上、顶棚上、门顶部、转角处。

（2）安装在距楼层地面 1.5~1.8 米处。

（3）安装在非燃烧材料或难燃烧材料上，并应有玻璃或其他非燃烧材料制成的透明保护罩。

（4）事故照明和疏散指示标志应有备用电源，并有一定的光照度。

第5章 厂房（仓库）火灾工伤预防措施

53. 危险化学品仓库如何进行火源管理？

（1）库区应当设置醒目的禁火标志。进入甲、乙类物品库区（分类标准见表 4–1 和表 4–2）的人员，必须登记，并交出携带的火柴、打火机等。

（2）库房内严禁使用明火。动用明火作业时，必须办理动火作业审批手续，经防火负责人批准，并采取严格的安全措施之后才可以进行。

（3）动火申请单应当注明动火地点、时间、动火人、现场监护人、批准人和防火措施等内容。在库区内使用火炉取暖，应当经防火负责人批准。

（4）防火负责人在审批火炉的使用地点时，必须根据储存物品的分类，按照有关防火安全规定审批，并制定防火安全管理制度。库区以及周围50米内，严禁燃放烟花爆竹。

54. 危险化学品仓库常见火灾原因有哪些？

（1）点火源控制不严

点火源是指使可燃物燃烧的一切热能源，包括明火焰、炽热体、火星和火花、化学能等。在危险化学品的储存过程中的点火源主要有两个方面：

1）外来火种。如烟囱飞火、汽车排气管的火星、库房周围的明火作业、未熄灭的烟头等。

2）内部设备接触不良，操作不当引起的电火花、撞击火花和太阳能、化学能等。如电气设备、装卸工具不防爆或防爆等级不够，装卸作业使用铁质工具撞击打火、露天存放时太阳的暴晒，易燃液体操作不当产生静电放电等。

（2）性质相互抵触的物品混存

危险化学品的禁忌物料混存，往往是由于经办人员缺乏知识或者是有些危险化学品出厂时缺少鉴定；也有的企业因储存场地缺少而任意临时混存，造成性质抵触的危险化学品因包装容器渗漏等原因发生化学反应而起火。

（3）产品变质

有些危险化学品长期未使用，废置在仓库中，没有及时处理，往往因变质而引起事故。

（4）养护管理不善

仓库建筑条件差，不适应所存物品的储存要求，如不采取隔热措施，使物品受热；仓库漏雨进水使物品受潮；盛装容器破漏，使物品接触空气或易燃物品蒸气引起火灾或爆炸。

（5）包装损坏或不符合要求

危险化学品包装容器损坏，或者出厂的包装不符合安全要求，引起事故。

（6）违反操作规程

搬运危险化学品没有轻装轻卸；堆垛过高不稳，发生倒塌；在库内改装打包，封焊修理等违反安全操作规程造成事故。

（7）建筑物不符合存放要求

危险化学品库房的建筑设施不符合要求，库内温度过高、通风不良、湿度过大、漏雨进水，导致可燃物被阳光直射或缺少保温设施，使物品达不到安全储存的要求而发生火灾。

（8）雷击

危险化学品仓库一般都设在城镇郊外空旷地带的独立建筑物内或是露天的储罐或是堆垛区，十分容易遭雷击。

（9）着火扑救不当

因不熟悉危险化学品的性能和灭火方法，着火时使用不当的灭火器材使火灾扩大，造成更大的危险。

55. 危险化学品仓库应该采取哪些消防措施？

（1）危险化学品仓库应根据其储存的危险化学品特性、仓库条件和经营规模的大小配备足够的消防设施和器材，应有消防水池、消防管网和消防栓等消防水源设施，并配备经过培训的兼职或专职消防人员。大型危险物品仓库应设有专职消防队，并配有消防车。消防器材应当设置在明显和便于取用的地点，周围不准堆放物品和杂物。仓库的消防设施、器材应当专人管理、检查、保养、更新和调整。对于各种消防设施、器材严禁圈占、埋压和挪用。

（2）储存危险化学品的建筑物内，应根据仓库条件安装自动监测和火灾报警系统。

（3）储存危险化学品的建筑物内，如条件允许，应安装灭火喷淋系统（储存遇水燃烧危险化学品的仓库除外）。

（4）危险化学品储存企业应设有安全保卫组织，危险化学品仓库应有专职或义务消防、警卫队伍。无论专职还是义务消防、警卫队伍都应制定灭火预案并经常进行消防演练。

56. 扑救危险化学品火灾应遵循哪些原则?

（1）先控制，后消灭。针对危险化学品火灾的火势蔓延快和燃烧面积大的特点，积极采取统一指挥、以快止快；堵截火势、防止蔓延；重点突破，排除险情；分割包围，速战速决等灭火战术。

（2）扑救人员应占领上风或侧风阵地。

（3）进行火情侦察、火灾扑救、火场疏散人员应有针对性地采取自我防护措施，如佩戴消防面具、穿戴专用防护服等。

（4）应迅速查明燃烧范围、燃烧物品及其周围物品的品名及其主要危险特性、火势蔓延的主要途径。

（5）正确选择最合适的灭火剂和灭火方法。火势较大时，应先堵截火势蔓延通道，控制燃烧范围，然后逐步扑灭火灾。

（6）对有可能发生爆炸、爆裂、喷溅等特别危险需紧急撤退的情况，应按照统一的撤退信号和撤退方法及时撤退（撤退信号应格外醒目，能使现场所有人员都看到或听到，并应经常演练）。

（7）火灾扑灭后，起火单位应当保护现场，接受事故调查，协助消防救援部门和上级应急管理部门调查火灾原因，核定火灾损失，查明火灾责任，未经消防救援部门和上级应急管理部门的同意，不得擅自清理火灾现场。

知识学习

大多数易燃、可燃液体火灾都能用泡沫扑救。其中，水溶性的有机溶剂火灾（如醚类、醇类火灾）应使用抗溶性的泡沫扑救；可燃气体火灾可使用二氧化碳、干粉等灭火剂扑救；有毒气体和酸、碱液可使用喷雾、开花射流或设置水幕进行稀释；遇水燃烧物质（如碱金属及碱土金属火灾）、遇水反应物质（如乙硫醇、乙酰氯等）应使用干粉、干沙土或水泥粉等覆盖灭火；粉状物品（如硫黄粉、粉状农药等）不能用强水流冲击，可用雾状水扑救，以防发生粉尘爆炸，扩大灾情。

57. 如何扑救压缩气体和液化气体火灾？

压缩气体和液化气体总是被储存在不同的容器内，或通过管道输送。其中储存在较小钢瓶内的气体压力较高，受热或受火焰熏烤容易发生爆裂。气体泄漏后遇点火源已形成稳定燃烧时，其发生爆炸或再次爆炸的危险性与可燃气体泄漏未燃时相比要小得多。遇压缩或液化气体火灾一般应采取以下基本方法：

（1）扑救气体火灾切忌盲目灭火，即使在扑救周围火势以及冷却过程中不慎将泄漏处的火焰扑灭，在没有采取堵漏措施的情况下，也必须立即用长点火棒将火点燃，使其恢复稳定燃烧。否则，大量可燃气体泄漏出来与空气混合，遇点火源就会发生爆炸，后果不堪设想。

（2）首先应扑灭外围被火源引燃的可燃物火焰，切断火焰蔓延途径，控制燃烧范围，并积极抢救受伤和被困人员。

（3）如果火焰中有压力容器或有受到火焰辐射热威胁的压力容器，能疏散的应尽量在水枪的掩护下疏散到安全地带，不能疏散的应部署足够的水枪进行冷却保护。为防止容器爆裂伤人，进行冷却的人员应尽量采用低姿射水或利用现场坚实的掩蔽体防护。对卧式贮罐，冷却人员应选择贮罐四侧角作为射水阵地。

（4）如果是输气管道泄漏着火，应首先设法找到气源阀门。阀门完好时，只要关闭气体阀门，火焰就会自动熄灭。

（5）贮罐或管道泄漏关阀无效时，应根据火势大小判断气体压力和泄漏口的大小及其形状，准备好相应的堵漏材料（如软木塞、橡皮塞、气囊塞、黏合剂、弯管工具等）。

（6）堵漏工作准备就绪后，即可用水扑救火灾，也可用干粉、二氧化碳灭火剂灭火，但仍需用水冷却烧烫的管壁。火扑灭后，应立即用堵漏材料堵漏，同时用雾状水稀释和驱散泄漏出来的气体。

（7）一般情况下完成了堵漏也就完成了灭火工作，但有时一次堵漏不一定能成功，如果一次堵漏失败，再次堵漏需一定时间，应立即用点火棒将泄漏处点燃，使其恢复稳定燃烧，以防止较长时间泄漏出来的大量可燃气体与空气混合后形成爆炸性混合物，从而发生潜在的爆炸危险，并准备再次灭火堵漏。

（8）如果确认泄漏口很大，根本无法堵漏，可冷却着火容器及其周围容器和可燃物品，控制燃烧范围，直到燃气燃尽，火焰自动熄灭。

（9）现场指挥应密切注意各种危险征兆，遇有火焰熄灭后较长时间未能恢复稳定燃烧或受热辐射的容器安全阀发生刺耳的响声、晃动、火焰变得明亮耀眼等爆裂征兆时，指挥员必须适时作出准确判断，及时下达撤退命令。现场人员看到或听到事先规定的撤退信号后，应迅速撤退至安全地带。

（10）气体贮罐或管道阀门处泄漏着火时，在特殊情况下，只要判断阀门仍有效，也可违反常规，先扑灭火焰，再关闭阀门。一旦发现关闭无效，一时又无法堵漏时，应迅速点燃泄漏处，恢复稳定燃烧。

58. 如何扑救易燃液体火灾？

（1）易燃液体储罐泄漏着火，用切断蔓延途径的方法，把火焰限制在一定范围内的同时，迅速准备好堵漏工具，但应先用泡沫、干粉、二氧化碳灭火剂或雾状水等扑灭地上的流淌火焰，为堵漏扫清障碍，其次再扑灭泄漏口的火焰，最后迅速采取堵漏措施。

（2）对大面积地面流淌性火灾，应采取围堵防流，分片消灭的灭火方法；对大量的地面重质油品火灾，可视情况采取挖沟导流的方法，将油品导入安全的指定地点，再利用干粉或泡沫灭火器一举扑灭。对暗沟流淌火，可先将其堵截住，然后向暗沟内喷射高倍泡沫，或采取封闭窒息等方法灭火。

（3）对于固定灭火装置完好的燃烧罐（池），应启动灭火装置实施灭火。对固定灭火装置被破坏的燃烧罐（池），可利用泡沫管枪、移动泡沫炮、泡沫钩管进攻或利用高喷车、举高消防车喷射泡沫等方法灭火。

（4）对于在油罐的裂口、呼吸阀、量油口或管道等处形成的火炬型燃烧，可用覆盖物如浸湿的棉被、石棉被、毛毡等覆盖火焰窒息灭火，也可用直流水冲击灭火或喷射干粉灭火。

（5）对于原油和重油等具有沸溢和喷溅危险的液体火灾，如有条件，可排放罐底存积水以防止发生沸溢和喷溅。在灭火同时必须注意观察火场情况变化，及时发现沸溢、喷溅征兆。如有察觉，应迅速作出正确判断，及时撤退人员，避免造成人员伤亡和财物损失。

（6）对于水溶性的液体如醇类、酮类等引发的火灾，可用抗溶性泡沫扑救。用干粉或卤代烷扑救时，灭火效果要视燃烧面积大小和燃烧条件而定，灭火过程中也需用水冷却罐壁。

59. 如何扑救易燃或可燃固体火灾?

（1）黄磷、硫黄、萘、石蜡等易燃固体物质着火时，最好用开花水流扑救，如果数量较小时可用泡沫灭火器或干沙扑救。由于黄磷、硫黄燃烧时会生成五氧化二磷和二氧化硫等有毒气体，因此在扑救时，灭火人员要占据上风方向或采取防毒措施。灭火后，火场的残渣要即时清理掉，以防复燃。

（2）硝化棉、赛璐珞及其制品着火时燃烧速度极快，最有效的灭火方法是用密集水流进行扑救，水量越大效果越好，也可用泡沫或干沙扑救，但效果一般不理想。

（3）金属钾、钠、锂、钙、镁、铝、铝粉、锌粉着火时，可用干沙、干粉扑救，但不可用水或泡沫扑救，因为用水和泡沫会助长其燃烧强度，使之更加猛烈。如果燃烧金属数量不多，在其周围用干沙围起来使火焰不蔓延就可以了。金属粉末着火时，不要使用二氧化碳灭火器，以防由于气体冲击使其飞扬而发生粉尘爆炸事故。

（4）一般可燃固体，如木材、各种塑料、天然橡胶、合成橡胶、化纤、棉、麻及其制品等着火时，均可用开花水流、泡沫、二氧化碳和沙土扑救。棉包、麻包表面火被扑灭后，包捆内还会阴燃，因此必须拆开棉包、麻包扑灭阴燃火，以防复燃。

（5）扑救燃烧能产生有毒气体的固体物质的火灾时，灭火人员应尽量占据上风方向，免遭有毒燃烧产物的毒害。

60. 如何扑救爆炸物品火灾?

爆炸物品一般都有专门的储存仓库。这类物品由于内部结构含有爆炸性基团，受摩擦、撞击、震动、高温等外界因素诱发，极易发生爆炸，遇明火则更危险。发生爆炸物品火灾时，一般应采取以下基本方法：

（1）迅速判断和查明再次发生爆炸的可能性和危险性，紧紧抓住爆炸后和再次发生爆炸之前的有利时机，采取一切可能的措施，全力制止再次爆炸的发生。

（2）不能用沙土盖压，以免增强爆炸物品爆炸时的威力。

（3）如果有疏散可能，人身安全上确有可靠保障，应迅速组织力量及时疏散着火区域周围的爆炸物品，使着火区周围形成一个隔离带。

（4）扑救爆炸物品堆垛时，应采用吊射水流，避免强力水流直接冲击堆垛，使堆垛倒塌引起再次爆炸。

（5）灭火人员应积极采取自我保护措施，尽量利用现场的地形、地物作为掩蔽体或尽量采用卧姿等低姿射水；消防车辆不要停靠在距爆炸物品过近的水源旁边。

（6）灭火人员发现有发生再次爆炸征兆或危险时，应立即向现场指挥报告，现场指挥应迅即作出准确判断，确有发生再次爆炸征兆或危险时，应立即下达撤退命令。灭火人员看到或听到撤退信号后，应迅速撤至安全地带，来不及撤退时，应就地卧倒。

61. 如何扑救遇湿易燃物品火灾?

遇湿易燃物品能与潮湿和水发生化学反应，产生可燃气体和热量，有时即使没有明火也能自动燃烧或爆炸，如金属钾、钠以及三乙基铅（液态）等。因此，一定数量的该类物品燃烧时，绝对禁止用水、泡沫等湿性灭火剂扑救。这类物品的这一特殊性给其火灾时的扑救带来了很大的困难。

对遇湿易燃物品火灾一般应采取以下基本方法：

（1）首先应了解遇湿易燃物品的品名、数量、是否与其他物品混存、燃烧范围、火焰蔓延途径等。

（2）如果只有极少量（一般 50 克以内）遇湿易燃物品，则不管是否与其他物品混存，仍可用大量的水或泡沫扑救。水或泡沫刚接触着火点时，短时间内可能会使火势增大，但少量遇湿易燃物品燃尽后，火势很快就会熄灭或减小。

（3）如果遇湿易燃物品数量较多，且未与其他物品混存，则绝对禁止用水或泡沫等湿性灭火剂扑救。遇湿易燃物品应用干粉、二氧化碳扑救，只有金属钾、钠、铝、镁等个别物品用二氧化碳无效。固体遇湿易燃物品应用水泥、干沙、干粉、硅藻土和蛭石等覆盖。水泥是扑救固体遇湿易燃物品火灾比较容易得到的灭火剂。对遇湿易燃物品中的粉尘如镁粉、铝粉等，切忌喷射有压力的灭火剂，以防止将粉尘吹扬起来，与空气形成爆炸性混合物而发生爆炸。

（4）如果其他物品火灾威胁到相邻的遇湿易燃物品，应将遇湿易燃物品迅速转移至安全地点。如因遇湿易燃物品较多，一时难以转移，应先用油布或塑料膜等其他防水布将遇湿易燃物品遮盖好，然后再盖上淋湿的棉被。如果遇湿易燃物品堆放处地势不太高，可在其周围用土筑一道防水堤，在用水或泡沫扑救火灾时，对相邻的遇湿易燃物品应留有一定的力量监护。

62. 如何扑救氧化剂和有机过氧化物火灾?

氧化剂和有机过氧化物从灭火角度讲是一个杂类，既有固体、液体，又有气体；既不像遇湿易燃物品一概不能用水和泡沫扑救，也不像易燃固体几乎都可用水和泡沫扑救。有些氧化剂本身不燃，但遇可燃物品或酸碱却可燃烧或爆炸。有机过氧化物（如过氧化二苯甲酰等）可以自燃、爆炸，危险性特别大，扑救时要注意人员保护。不同的氧化剂和有机过氧化物火灾，有的可用水（最好雾状水）和泡沫扑救，有的不能用水和泡沫扑救，有的不能用二氧化碳扑救。因此，扑救氧化剂和有机过氧化物火灾是一场复杂而又艰难的战斗，一般应采取以下基本方法：

（1）迅速查明着火或反应的氧化剂和有机过氧化物以及其他

燃烧物品的品名、数量、主要危险特性、燃烧范围、火焰蔓延途径、能否用水或泡沫扑救。

（2）能用水或泡沫扑救时，应尽一切可能使火焰停止蔓延，孤立火区、限制燃烧范围，同时应积极抢救受伤和被困人员。

（3）不能用水、泡沫、二氧化碳扑救时，应用干粉、水泥、干沙覆盖。用水泥、干沙覆盖应先从着火区域四周尤其是下风处等火焰主要蔓延方向覆盖起，形成孤立火势的隔离带，然后逐步向火源进逼。

由于大多数氧化剂和有机过氧化物遇酸会发生剧烈反应甚至爆炸，如过氧化钠、过氧化钾、氯酸钾、高锰酸钾、过氧化二苯甲酰等。因此，专门生产、经营、储存、运输、使用这类物品的单位和场合对泡沫和二氧化碳也应慎用。

63. 如何扑救毒害品、腐蚀品火灾？

毒害品和腐蚀品对人体都有一定危害。毒害品主要是通过吸入蒸气或皮肤接触引起人体中毒的。腐蚀品是通过皮肤接触使人体形成化学灼伤。有些毒害品、腐蚀品可以自燃，有的虽然不自燃，但与其他可燃物品接触后可以发生燃烧。这类物品发生火灾时通常扑救不算困难，只需要特别注意人体的防护。遇此类物品火灾一般应采取以下基本方法：

（1）灭火人员必须穿着防护服，佩戴防护面具。一般情况下应采取全身防护，对有特殊要求的物品火灾，应使用专用防护服。考虑到过滤式防毒面具防毒范围的局限性，在扑救毒害品火灾时应尽量使用隔绝式氧气或空气面具。为了使灭火人员在火场上能正确使用和适应，平时应进行严格的适应性训练。

（2）积极抢救受伤和被困人员，限制燃烧范围。毒害品、腐蚀品火灾极易造成人员伤亡，灭火人员在采取防护措施后，应立即投入寻找和抢救受伤、被困人员的工作，并努力限制燃烧范围。

（3）扑救时应尽量使用低压水流或雾状水，避免腐蚀品、毒害品溅出。

（4）遇毒害品、腐蚀品容器泄漏，在扑灭火焰后应采取堵漏措施。腐蚀品需用防腐材料堵漏。

（5）浓硫酸遇水能放出大量的热，会发生沸腾飞溅，因此需特别注意防护。扑救浓硫酸与其他可燃物品接触发生的火灾时，如果浓硫酸数量不多，可用大量低压水快速扑救；如果浓硫酸数量很多，应先用二氧化碳、干粉等灭火，然后再把着火物品与浓硫酸分开。

64. 易燃易爆罐（库）区的安全管理要求有哪些?

（1）罐（库）区不准堆放可燃物，应及时清扫枯草干叶，对不铺砌的罐区地坪，应定期拔除过高的植物。

（2）每周巡察一次防火堤。

（3）罐（库）地坪应保持小于 1% 的坡度，坡朝向排水闸或水封井。

（4）罐（库）区周围应设环行消防道路。

（5）消除罐（库）区的火源。

（6）原料油、燃料油、硫化切削液等油品中含有硫化物，这些硫化物容易发生自燃，其储存罐（库）应每年清洗一次。

（7）规范操作，防止超温、超压、超速等违章现象的出现。

（8）设置必要的监测系统，如油罐液面高度、温度、油品静电和接地电阻、储罐空间压力、水封井油气浓度等参数的监测系统和自动报警系统。

（9）对于坑道内的油罐，罐顶必须设透气管，其末端应设置阻火器。

65. 加油站、加气站、石油库有哪些禁止事项？

（1）禁止烟火。

（2）禁止使用手机接听、拨打电话。在电话接通的那一刻信号强度会瞬间增强，有可能与加油站、加气站的电子设备间产生摩擦引燃油气，同时突然增强的信号变化也会干扰加油站、加气站的电子设备工作。

（3）禁止车辆在加油或加气时不熄火。

（4）禁止超过规定速度进出站。各种车辆进加油站、加气站时必须减速缓慢驶入，补充燃料后也要慢速驶出加油站，时速不能超过 5 公里。

（5）化纤面料容易起静电，不要在加油站、加气站拍打化纤面料的衣物。

（6）禁止在加油站、加气站检修车辆。

66. 加油站、加气站、石油库执行动火作业有哪些安全要求?

（1）加油站内严禁烟火，上岗人员不准随身携带火柴、打火机、香烟等物品。

（2）因设备检修等情况必须动用明火时，要书面报告公司，获得批准后，采取可靠安全的防护措施后方可施工。

（3）未经批准，不得自行变更用火位置和扩大用火范围。

（4）加油站根据用火场所、部位的危险程度，分为一级用火、二级用火、三级用火；在油罐罐体、加油机、油（气）管道等储、输油设备上的直接用火，为一级用火；在加油作业区、管沟等危险场所进行用火作业，为二级用火；在储油区、作业区和加油站站区内除一级、二级用火范围以外的用火，为三级用火。

（5）加油站用火作业前，应当根据作业内容确定用火级别，并向有关部门提出用火申请，说明用火理由、种类、地点、时间、项目、工作量、施工人员以及防火防护安全措施，填写相关动火作业申请表。

（6）油站用火作业应当报批，未经批准，任何单位和个人不得在加油站内用火。油站用火作业应当按照下列程序和要求组织实施：

1）用火作业期间，站领导必须亲自组织，并指定现场用火安全监督员，属于一、二级用火的，请求有关专家赴现场指导用火作业。

2）各类作业人员应当严守岗位，各司其职，严格按照用火作业方案和操作规程实施和监督用火作业，及时掌握用火安全情况，发现异常应立即采取措施，以防止发生事故。

3）收发、测量和加注油料期间，禁止用火。

4）在输油管道、油罐等设备上用火时，必须预先切断油源，并采取腾空、清洗和通风等安全措施。

5）爆炸危险场所可燃气体浓度高于爆炸下限 40% 时，不得用火。

6）作业现场必须备足灭火器具，施工结束，检查余火，清理用火现场，确认无隐患后方可撤离。

67. 加油站、加气站、石油库内消防车道布置应符合哪些规定？

依据《石油天然气工程设计防火规范》（GB 50183—2015），将油品、液化石油气、天然气凝液站场按储罐总容量划分五级，其分类标准详见表 5–1。

表 5–1　　油品、液化石油气、天然气凝液站场分级

等级	油品储存总量 Vp（立方米）	液化石油气、天然气凝液储存总容量 V_1（立方米）
一级	$Vp \geqslant 100\,000$	$V_1>5\,000$
二级	$30\,000 \leqslant Vp<100\,000$	$2\,500<V_1 \leqslant 5\,000$
三级	$4\,000<Vp<30\,000$	$1\,000<V_1 \leqslant 2\,500$
四级	$500<Vp \leqslant 4\,000$	$200<V_1 \leqslant 100$
五级	$Vp \leqslant 500$	$V_1 \leqslant 200$

（1）油气站场储罐组宜设环形消防车道。四、五级油气站场或受地形等条件限制的一、二、三级油气站场内的油罐组，可设有回车场的尽头式消防车道，回车场的面积应按当地所配消防车辆车型确定，但不宜小于 15 米 ×15 米。

（2）储罐组消防车道与防火堤的外坡脚线之间的距离不应小于 3 米。储罐中心与最近的消防车道之间的距离不应大于 80 米。

（3）铁路装卸设施应设消防车道，消防车道应与站场内道路构成环形，受条件限制的，可设置有回车场的尽头车道，消防车道与装卸栈桥的距离不应大于 80 米且不应小于 15 米。

（4）甲、乙类液体厂房（分类标准见表 4–2）及油气密闭工艺设备距消防车道的间距不宜小于 5 米。

（5）消防车道的净空高度不应小于 5 米；一级、二级、三级油气站场消防车道转弯半径不应小于 12 米，纵向坡度不宜大于 8%。

（6）消防车道与站场内铁路平面相交时，交叉点应在铁路机车停车界限之外；平交的角度宜为 90°，困难时，不应小于 45°。

68. 加油站、加气站、石油库火灾扑救有哪些注意事项?

（1）注意个人防护

火灾扑救过程中做好个人防护，始终把人身安全放在首位；预先考虑到火场可能出现的各种危险情况，将灭火人员布置到适当的位置；扑救可能发生爆炸、沸溢、喷溅的油罐时，应尽可能使用移动水炮或遥控水炮，减少前沿阵地人员。

（2）合理停车，确保安全

消防车尽量停在上风或侧风方向，与燃烧罐保持一定的安全距离。扑救重质油罐火灾时，消防车头应背向油罐，一旦出现危及生命的状况，可及时撤离。

（3）监视火情，防止危险

在灭火前，要根据火焰燃烧的特点来判断在短期内油罐是否发生爆炸。气体火灾扑救没有结束前，应当设置观察哨，持续检测燃烧区域外的储罐、液化石油气钢瓶、管线等，一旦环境参数达到预警值，及时发出警报，并预先确定紧急撤退信号、信号传递方式以及人员撤离方向。

（4）实施堵漏，安全可靠

对于可燃气体引发的火灾，在灭火救援过程中，堵漏作业一定要抓紧时间在白天进行，以免照明灯具、开关等点燃气体或液化气。

（5）无法堵漏，严禁灭火

对于可燃气体引发的火灾，在不能有效制止气体或液化气泄漏的情况下，严禁将正在燃烧的储罐、管线、槽车泄漏处的火扑灭。否则，大量可燃气体或液化气泄漏出来与空气混合，遇到引火源就会发生复燃复爆，造成更严重的危害。

（6）集中优势兵力，一举扑灭火灾

必须在火灾初期集中优势兵力，一举扑灭火灾。在一般情况下，必须按照一冷却、二准备、三灭火的程序进行。严禁在泡沫和供水量不足的情况下采取灭火行动。

（7）防止复燃复爆

对于油罐火灾，在明火被扑灭后，为了防止油品复燃，应继续供给泡沫 3~5 分钟，继续冷却罐壁，直至油温降到常温为止。

第6章 不同生产工艺火灾爆炸工伤预防措施

69. 危险化学品运输过程中发生火灾如何扑救?

（1）发现运输车辆失火后，驾驶员应保持镇定，及时采取以下有效的扑救措施：

1）应马上停车熄火，切断油源，关闭油箱开关和百叶窗，打开车门或车窗玻璃，迅速离开驾驶室，在车外实施扑救。

2）着火范围较小时，可利用车上的灭火器具或物品（如帆布、棉被、毯子等）进行灭火。

3）着火面积较大，又无灭火器材时，应取用路边的沙土覆盖，或拦堵过往车辆并寻求帮助进行灭火，同时就近向当地消防救援队报警。

（2）易燃易爆危险化学品车辆失火后，驾驶员应根据所装物品的性质选用合适的灭火器具。

（3）为防止装运危险化学品的车辆因失火危及周围群众，给建筑物造成更大危害，要尽力将装运危险化学品的车辆驶至安全区域。

（4）运输剧毒危险化学品时，一定要有专人押运。装运剧毒危险化学品的车辆和机械用具，必须彻底清洗后，才能装运其他物品。严禁在内河运输剧毒化学品。

70. 危险化学品生产的干燥过程中有哪些安全注意事项？

危险化学品干燥过程有常压和减压两种方式，用来干燥的介质有空气、烟道气等，此外还有升华干燥（冷冻干燥）、高频干燥和红外干燥。在干燥过程中要注意：

（1）严格控制温度，防止局部过热，以免造成物料分解爆炸。

（2）在干燥过程中散发出来的易燃易爆气体或粉尘，不应与明火和高温表面接触，防止燃爆。

（3）在气流干燥中应有防静电措施，在滚筒干燥中应适当调整刮刀与筒壁的间隙，以防止产生火花。

血的教训

1995 年 3 月 24 日，江苏省无锡市某化工集团下属化工厂保险粉车间后道混合包装岗位的混合桶发生爆炸，造成 6 人死亡，5 人受伤。造成这起爆炸事故的直接原因有：混合桶物料不合格并分解放热，使物料温度升高；在第 5 料真空干燥过程中违章采用“气流干燥”，人为地将耙式干燥器放料底阀部分开启，使当时湿度很高的空气进入了耙式干燥器内；进入干燥器的空气中水分与物料接触，促使保险粉产生分解，含量降低，同时引起干燥器内物料温度升高，该料未经处理直接放入混合桶后将继续发生分解，留下了事故隐患。

71. 危险化学品生产的加热过程中有哪些安全注意事项？

危险化学品生产中常用的加热方式有直接火加热（包括烟道

气加热）、蒸汽或热水加热、有机载体（或无机载体）加热以及电加热等。而加热温度是化工生产中最常见的需控制的条件之一，加热是控制温度的重要手段，其操作的关键是按规定严格控制温度的范围和升温速度。其注意事项有：

（1）用高压蒸汽加热时，对设备耐压能力要求高，需严防蒸汽泄漏或与物料混合，避免造成事故。

（2）使用热载体加热时，要防止热载体循环系统堵塞、热油喷出，避免酿成事故。

（3）使用电加热时，电气设备要符合防爆要求。

（4）危险化学品直接用火加热危险性最大，因其温度不易控制，可能会造成局部过热烧坏设备，引起易燃物质的分解爆炸。当加热温度接近或超过物料的自燃点时，应采用惰性气体保护。

72. 煤矿井下执行动火作业有哪些安全要求？

（1）动火作业用的气瓶应由专车下放入井，氧气瓶和乙炔瓶须分车装运；气瓶在现场要放置稳当，在斜坡上时要用木楔垫稳，防止其意外滚动。

（2）动火工作应由机电班专职电氧焊工操作执行。必须按操作规程规范施行操作，严禁违章作业。

（3）动火前由电氧焊工认真检查设备工具，必须保证设备工具的完好。焊机所搭接电源电压与设备相应，焊机搭拆电工作由电工执行。各气瓶、气带、仪表完好无漏气、指示正确，符合要求。

（4）动火作业前清除动火地点 10 米内易燃易爆物品。

（5）气割时，氧气瓶与乙炔瓶间距应不小于 5 米，氧气瓶与乙炔瓶距火源距离不小于 10 米。

（6）动火地点应备置两只灭火器，一只水桶和足够灭火水源。

（7）动火现场要有瓦斯检查员现场检查瓦斯，浓度小于 0.5% 才能进行动火作业；现场要有安全员负责监督检查安全措施的落实执行。

（8）动火时主抽风机应正常运行，如意外停运，须及时停止动火作业，处理动火作业遗留的残余灼热物，人员撤离出井。

（9）动火作业现场 20 米范围内严禁有与工作动火作业无关的其他作业同时进行。动火作业现场 20 米范围内严禁有除动火作业工作以外的其他任何火源、热源存在。

（10）动火作业造成的灼热物应及时用水降温冷却。残留焊头、材料应统一存放，不得乱扔。

（11）动火作业过程中若发生意外着火险情时，应立即停止动火作业工作，采取措施，利用现场一切灭火设施设备进行灭火。

（12）每次动火作业结束后，应及时清理现场：断开电源、关闭瓶阀，收回动火作业设备、工具，清除动火作业遗留的杂物并派人观察 1 小时，确认无异常后，才能宣告动火作业结束。

（13）其他各方面均要严格按煤矿井下施工有关安全管理要求执行。

73. 煤矿火灾中常用的灭火方法有哪些?

（1）直接灭火法

直接灭火法是用水、沙子、化学灭火器等，在火源附近直接扑灭火灾或挖除火源。具体措施有：

1）挖除火源。将已经发热或者燃烧的煤炭以及其他可燃物挖出、清除、运出井外。这是扑灭矿井火灾最彻底的方法，但是采用这种方法的适用条件是：

①火灾处于初起阶段，涉及范围不大。

②火区无瓦斯超限、聚积，无煤尘爆炸危险。

③火源位于人员可直接到达的地点。

2）用水灭火。水是最有效、最经济、来源最广泛的灭火材料。用水灭火的适用条件是：

①火灾初期，火区范围不大，不影响其他区域。

②有充足的水源，灭火地点顶板完整坚固。

③通风系统正常且瓦斯浓度不超限。

同时用水灭火必须注意以下问题：

①要有足够的水量，水量不足不仅难以灭火，而且有可能贻误战机，助长火势发展。

②要有瓦斯检查员在现场附近随时检查瓦斯浓度。

③水能导电，不能用水来直接扑灭电气火灾。

④灭火人员要站在进风侧，防止高温烟流伤人或中毒，水射流要由外向里逐渐灭火，以免产生过量水蒸气伤人。

⑤保持正常通风，以便使烟和水蒸气能顺利地排到回风流中去。

⑥灭火时要注意观察顶板、瓦斯、煤尘、一氧化碳、风量、风向的变化情况，发现异常情况必须立即采取措施进行处理。

3）用沙子或岩粉灭火。用沙子或岩粉直接撒盖在燃烧物体上，将空气隔绝把火扑灭。这种方法的适用条件是：

①火灾初期，火区范围不大，不影响其他区域。

②通常用来扑灭电气火灾和油类火灾。

4）用灭火器灭火。适用于煤矿井下的灭火器有干粉灭火器、灭火炮、泡沫灭火器、高倍数泡沫灭火器等。

（2）联合灭火法

在封闭火区后再辅以其他灭火措施，如灌浆或灌惰性气体和调节风压法等。火区范围大，火源位置不太确切时，应对整个火区灌注大量泥浆。火区范围小且火源位置已准确掌握时，就可在火源附近打钻注浆。用惰性气体灭火，就是向火区输送二氧化碳、氮气等气体，以降低火区内的氧气含量，增加密闭区的气压，从而使燃烧火焰熄灭。调节风压法灭火，其实质是调节火区进风、回风侧密闭之间的风压差，减少向火区的漏风，以加速灭火。

（3）隔绝灭火法

当井下火灾不能用直接灭火法扑灭时，必须迅速封闭火区，切断氧气供给。经过一定时间以后，由于火区氧气消耗殆尽，物质燃烧最终熄灭。采用这种方法灭火时需要注意：

1）为有效地切断氧气供给，应在通往火区的所有巷道内构筑防火墙，并且堵住一切可能的漏风通道。

2）封闭火区时，在确保安全的前提下应尽量缩小封闭火区的范围，并必须指定专人检查瓦斯、氧气、一氧化碳、煤尘以及其他有害气体和风流的变化，采取防止瓦斯、煤尘爆炸和人员中毒的安全措施。

74. 煤矿井下预防瓦斯爆炸的措施有哪些?

（1）防止瓦斯积聚

1）保证足够的通风。瓦斯矿的通风除满足使用机械通风、风流连续稳定，分区通风，通风系统简单可靠、便于调节风量等条件外，还要能保证足够的风量和风速，避免循环风，减少漏风，局部通风风筒末端要靠近工作面，放炮过程中也不能中断通风等。

2）及时处理局部积存的瓦斯。生产中容易积存瓦斯的地点有：回采工作面上隅角，独头掘进工作面的巷道隅角，顶板冒落的空洞内，低风速巷道的顶板附近等。及时处理生产井巷中局部积存的瓦斯，是矿井日常瓦斯管理的重要内容。通常采用的方法有：

①向瓦斯积聚地点加大风量和提高风速，将瓦斯冲淡排出。

②将盲巷和顶板空洞内积存的瓦斯封闭隔绝。

3）合理安排抽放瓦斯。将瓦斯矿产生的瓦斯通过瓦斯抽取设备及时抽出，降低爆炸的风险。

4）经常检查瓦斯浓度和通风状况。瓦斯燃烧和爆炸事故统计资料表明，大多数这类事故都是由于瓦斯检查员不负责、玩忽职守、没有认真执行有关瓦斯检查制度造成的。

（2）防止瓦斯引燃

防止瓦斯引燃的原则要求坚决杜绝一切非生产必需的热源。对生产中可能产生的热源，必须严加管理和控制，防止它的发生或限定其引燃瓦斯的能力，具体措施有：

1）严格遵守《煤矿安全规程》规定，严禁携带烟草和点火工具下井；井下禁止使用电炉，禁止打开矿灯；井口房、抽放瓦斯泵房以及通风机房周围20米内禁止使用明火；井下需要进行电焊、气焊和喷灯焊接时，应严格遵守有关规定，对井下火区必须加强管理；瓦斯检定灯的各个部件都必须符合规定等。

2）采用防爆的电气设备。目前广泛采用的是隔爆外壳，即将电机、电器或变压器等能产生火花、电弧或炽热表面的部件或整体装在隔爆和耐爆的外壳里，即使壳内发生瓦斯的燃烧或爆炸，不致引起壳外瓦斯事故。对煤矿的弱电设施，根据安全火花的原理，采用低电流、低电压，限制火花的能量，使之不能点燃瓦斯。

3）采用供电闭锁装置和超前切断电源的控制设施。局部通风机和掘进工作面内的电气设备，必须有延时的风电闭锁装置。高瓦斯矿井和煤（岩）与瓦斯突出矿井的煤层掘进工作面、进入串联工作面的风流中、综采工作面的回风道内、倾角大于 120° 并装有机电设备的采煤工作面下行风流的回风流中，以及回风流中的机电硐室内，都必须安装瓦斯自动检测报警断电装置。

4）遵守爆破作业规章制度，使用符合规定的炸药和雷管。在有瓦斯或煤尘爆炸危险的煤层中，采掘工作面只准使用煤矿安全炸药和瞬发雷管；如使用毫秒延期电雷管，最后一段的延期时间不得超过 130 毫秒；在岩层中开凿井巷时，如果工作面中发现瓦斯，应停止使用非安全炸药和延期雷管；打眼、放炮和封泥都必须符合有关规程；严格禁止放糊炮、明火放炮和一次装药分次放炮。

5）防止机械摩擦火花，如截齿与坚硬夹石（如黄铁矿）摩擦，金属支架与顶板岩石（如砂岩）摩擦，金属部件本身的摩擦或冲击等。常采取的措施有：禁止使用磨钝的截齿；截槽内喷雾洒水；禁止使用铝或铝合金制作的部件和仪器设备；在金属表面涂以各种涂料，如苯乙烯的醇酸或丙烯酸甲醛脂等，以防止摩擦火花的发生。

75. 煤矿井下防止瓦斯爆炸事故扩大的措施有哪些?

万一发生瓦斯爆炸，应使灾害波及范围局限在尽可能小的区域内，以减少损失，为此应该采取以下措施：

（1）制订周密的预防和处理瓦斯爆炸事故计划，并要求有关人员贯彻执行。

（2）实行分区通风。各水平面、各采区都必须布置单独的回风道，采掘工作面都应采用独立通风。这样一条通风系统的破坏将不致影响其他区域。

（3）通风系统力求简单。应保证当发生瓦斯爆炸时入风流与回风流不会发生短路。

（4）装有主要通风机的出风井口，应安装防爆门或防爆井盖，防止爆炸波冲毁通风机，影响救灾与恢复通风。

（5）防止煤尘事故扩大的隔爆措施，同样也适用于防止瓦斯爆炸。

76. 粉尘爆炸常见于哪些领域？

粉尘爆炸是指可燃性固体微粒悬浮在空气中，与空气混合形成粉尘云，当达到一定浓度时，被火源点燃引起的爆炸。

粉尘爆炸存在于多个生产领域，目前人们已经发现的具有爆炸危险的粉尘有：

（1）金属粉尘，如镁粉、铝粉等。

（2）矿冶粉尘，如煤炭、钢铁、金属、硫黄等。

（3）粮食粉尘，如面粉、淀粉等。

（4）合成材料粉尘，如塑料、染料等。

（5）饲料粉尘，如血粉、鱼粉等。

（6）农副产品粉尘，如棉花、烟草粉尘等。

（7）林产品粉尘，如纸粉、木粉、糖粉尘等。

77. 粉尘爆炸的特点有哪些?

（1）粉尘爆炸中，热辐射起的作用比热传导更大。

（2）粉尘爆炸的感应期长，可达数十秒，为气体爆炸的数十倍，其过程比气体燃烧复杂。

（3）破坏力更强。粉尘密度比气体大，爆炸时能量密度也大，爆炸产生的温度、压力很高，冲击波速度快。

（4）易发生不完全燃烧，爆炸产生的气体中一氧化碳含量更大。爆炸事故中受害者中大多数（70%~80%）是由于一氧化碳中毒造成的。

（5）发生二次爆炸或多次连续爆炸的可能性较大，且爆炸威力呈跳跃式增长。由于初次粉尘爆炸的冲击波速度快，可扬起沉积的粉尘，当扬尘在新空间达到爆炸浓度时会产生二次爆炸或多次连续爆炸，且爆炸压力随着离开爆源距离的延长而跳跃式增大。爆炸过程中如遇障碍物，压力将进一步增加，尤其是二次爆炸或多次连续爆炸，后一次爆炸的理论压力将是前一次的5~7倍。

（6）一般会产生“黏渣”，并残留在爆炸现场附近。粉尘爆炸时因粒子一边燃烧一边飞散，一部分粉尘会被焦化黏结在一起，残留在爆炸现场附近。如气煤、肥煤、焦煤等黏结性煤的煤尘爆炸，会形成煤尘爆炸所特有的产物——焦炭皮渣或黏块，统称“黏渣”。

78. 粉尘爆炸的预防措施有哪些？

（1）做好通风除尘工作，防止形成粉尘云。在产尘车间安装相对独立的通风除尘系统，并设置接地装置。除尘器布置在室外，并有防御措施，距明火产生处应不少于6米，回收的粉尘应储存在独立干燥的场所。除尘器采用防爆除尘器，并配套相应的防爆风机，通风管道上应设置泄爆片。

（2）保持生产场所清洁，防止粉尘累积。应该每天对生产场所进行清理，采用不产生火花、静电、扬尘等的方法清理车间积尘，及时对除尘系统收集的粉尘进行清理，使作业场所积累的粉尘量降至最低。

（3）严格管理点火源。生产场所严禁各类明火，需在生产场所进行动火作业时，必须停止生产作业，并采取相应的防护措施。

（4）生产场所采取防爆防静电措施，防止产生电火花。生产场所电气线路应当采用镀锌钢管套管保护，在车间外安装空气开关和漏电保护器，设备、电源开关及相关的电气元件应采用防爆防静电措施。

（5）生产场所采取防潮措施，防止粉尘遇水自燃。对产生铝、镁等活泼金属粉尘的场所，必须配备粉尘生产、收集、储存的防水防潮设施，严禁粉尘遇湿自燃。

（6）对生产场所设置多类型的传感器，监测环境参数。常见的传感器有温度传感器、干湿度传感器、粉尘浓度传感器等，当环境参数超标时能够及时发出报警信号。

血的教训

2014 年 8 月 2 日 7 时 34 分，江苏省苏州市的某公司抛光二车间发生特别重大铝粉尘爆炸事故，当天造成 75 人死亡、185 人受伤。在《生产安全事故报告和调查处理条例》规定的事故发生后 30 日报告期内，共有 97 人死亡、163 人受伤（事故报告期后，经全力抢救医治无效陆续死亡 49 人，尚有 95 名伤员在医院治疗，病情基本稳定），直接经济损失 3.51 亿元。

经调查表明，事故的直接原因是：事故车间除尘系统较长时间未按规定清理，铝粉尘集聚。除尘系统风机开启后，打磨过程产生的高温颗粒在集尘桶上方形成粉尘云。1 号除尘器集尘桶锈蚀破损，桶内铝粉受潮，发生氧化放热反应，达到粉尘云的引燃温度，从而引发除尘系统及车间的系列爆炸。

因没有泄爆装置，爆炸产生的高温气体和燃烧物瞬间经除尘管道从各吸尘口喷出，导致全车间所有工位操作人员直接受到爆炸冲击，造成群死群伤。

79. 锅炉爆炸的常见类型有哪些?

（1）水蒸气爆炸

锅炉中容纳水及水蒸气较多的大型部件，如锅筒及水冷壁集箱等，在正常工作时，处于水汽共存的饱和状态，容器内的压力接近锅炉的工作压力，水的温度则是该压力对应的饱和温度。一旦该容器破裂，容器内液面上的压力瞬间下降为大气压力，与大气压力相对应的水的饱和温度是100 ℃，原工作压力下高于100 ℃的饱和水此时极不稳定，会瞬间汽化，体积骤然膨胀数倍，形成爆炸。

（2）超压爆炸

超压爆炸指由于安全阀、压力表不齐全、损坏或安装错误，操作人员擅离岗位或放弃监视责任，关闭或关小出汽通道，无承压能力的生活锅炉改作承压蒸汽锅炉等原因，致使锅炉主要承压部件包括锅筒、封头、管板、炉胆等承受的压力超过其承载能力而造成的锅炉爆炸。

（3）缺陷导致爆炸

缺陷导致爆炸指锅炉承受的压力并未超过额定压力，但因锅炉主要承压部件出现裂纹、严重变形、腐蚀、组织变化等情况，导致主要承压部件丧失承载能力，从而突然大面积破裂爆炸。缺陷导致的爆炸也是锅炉常见的爆炸情况之一，预防这类爆炸，除加强锅炉的设计、制造、安装、运行中的质量控制和安全监察外，还应加强锅炉检验，使锅炉缺陷能够得到及时处理，避免锅炉主要承压部件带缺陷运行。

（4）严重缺水导致爆炸

锅炉的主要承压部件如锅筒、封头、管板、炉胆等，不少是直接受火焰加热的。锅炉一旦严重缺水，上述主要受压部件得不到正常冷却，甚至会被烧红。这样的缺水情况是严禁加水的，而应立即停炉，如给严重缺水的锅炉上水，往往会酿成爆炸事故。

80. 锅炉爆炸的预防措施有哪些?

（1）正确点火

点火前，必须仔细吹扫炉膛和烟道，排除炉内可能积存的可燃气体，并按点火程序进行操作。

（2）防止超压

1）保持锅炉负荷稳定，防止骤然降低负荷，导致气压上升。

2）保持安全阀灵敏可靠，防止安全阀失灵。应每隔一定时间人工排放一次，并且定期作自动排汽试验，如发现安全阀动作呆滞，必须及时修复。

3）定期校验压力表，确保压力表指示准确。如发现压力表不准确或动作不正常，必须及时调换。

（3）防止过热

1）防止缺水。控制水位在正常水位，经常冲洗水位计，定期维护、检查水位警报装置或超温警报装置。

2）防止积垢。正确使用水处理设备，保持锅炉水质量符合标准。认真进行排污，及时清除水垢、水渣。

（4）防止腐蚀

采取有效的水处理和除氧措施，保证给水和炉水质量合格。加强炉内停炉保养工作，及时清除烟灰，涂防锈油漆，保持炉内干燥。

（5）防止裂纹和起槽

保持燃烧稳定，防止锅炉骤冷骤热。加强对封头、板边等集中部位的检查，一旦发现裂纹和起槽必须及时修理。

81. 锅炉缺水的应急处置措施有哪些？

（1）先校正各水位表所指示的水位，正确判断是否缺水。

（2）如果水位虽然低于最低安全水位线，但可以看见水位，并经冲洗水位表得到证实是明显的轻微缺水，可以缓慢向锅炉进水，直到正常水位，即可继续运行。

（3）如果水位表内看不到水位时，首先应压火或者停炉，并以最快的速度，判明锅炉是缺水还是满水。根据锅炉所出现的异常现象作出初步判断，然后冲洗水位表，做进一步的判断：

1）如冲洗水位表过程中有水从其放水管流出，且冲洗完毕各旋塞还原后水位表迅速出现水位，初步表明是满水，可按“满水”进行判断与处理。

2）如冲洗水位表过程中无水从其放水管流出，且冲洗完毕各旋塞还原后水位表内无水位出现，初步表明是缺水，需立即进行“叫水”处理。

3）“叫水”后如果水位能在水位表内重新出现，说明锅内实际水位可保证对下降管可靠地供水（水管锅炉），或高于最高火界（锅壳锅炉），属于隐性的轻微缺水，可以缓慢向锅炉进水至正常水位，再恢复运行。

4）“叫水”后如果水位不能在水位表内出现，表明锅内实际水位已下降到危险程度，属于严重缺水，必须紧急停炉，而绝对不允许向锅炉进水。因为锅炉严重缺水干锅后，部分锅炉水管的受热面可能出现过热，会发生爆管事故；锅炉的锅壳底部或炉胆可能已经过热，甚至被烧红，如果盲目进水，灼热的金属突然受到冷却，极大的温差会使先遇水的部位急剧收缩而撕裂，当即发生爆炸事故。即使当时未达到干锅的程度，盲目进水也会造成胀口渗漏事故。

5）对于水位表的水连管低于最高火界的锅壳锅炉，经过冲洗水位表确认缺水时，不允许采用“叫水”法，而必须立即停炉。因为此类锅炉的最高火界在水位表的水连管孔口之上，即使进行“叫水”，锅内实际水位仍在最高火界以下，一部分受热面已暴露在高温烟气之中，盲目进水是非常危险的。

82. 锅炉需要设置哪些防火防爆装置?

（1）锅炉房应为单层一、二级耐火等级的建筑。

（2）敷设在油管法兰和阀门附近的蒸汽管道，应有完整的保温层，保温层应用非燃烧材料，并在保温层外面包裹铁皮。

（3）在蒸汽管道或炽热体附近的油管法兰，应在外面加装金属罩壳，以防燃油溅到蒸汽管道和炽热体上起火。

（4）要控制油、气管道保温层外部的温度，当室内温度在25 ℃时，蒸汽管道保温层表面的温度不应超过 50 ℃，燃油管道保温层表面的温度不应超过 35 ℃。

（5）锅炉房应备有带盖的铁箱（桶），专门放置擦拭设备的油纱头和抹布。

（6）锅炉工在烧锅炉前，应对锅炉的燃油、燃气、燃煤系统及各种安全附件进行检查，防止漏油、漏气等，平时则应做好常规维护和保养。

（7）锅炉房内严禁堆放易燃、可燃物品，为防止燃油系统（包括阀门、法兰）发生故障，人孔应尽量加装防火板。

（8）锅炉房内除应设置消火栓和水带外，还应视具体情况设置泡沫或蒸汽灭火设备、设施。

83. 焊接作业中的消防注意事项有哪些？

（1）从事电、气焊割操作人员，必须进行专业培训，掌握焊接的安全技术操作规范，经考试合格，领取操作合格证方准操作。操作时应持本上岗，徒工学习期间不能单独操作，必须在师傅的监督下进行操作。

（2）严格执行用火审批程序和制度，操作前办理申请手续，经本单位领导同意，消防保卫或安全技术部门检查批准后，领取用火许可证方可进行操作。

（3）用火审批人员要认真负责，严格把关，批准前要深入用火地点查看，确认无火灾隐患后再行审批，批准用火要采取定时（时间）、定位（层、段、挡）、定人（操作人员、看火人员）、定措施（应采取的具体防火措施），部位变动或需继续操作，应事先更换用火证。用火证只限当日本人使用，并要随时携带，以备消防保卫人员检查。用火证用完交回，以旧换新。

（4）进行电、气焊割作业之前，应由工长或班组长向操作、监护人员进行消防安全技术措施交底，任何领导不能以任何借口纵容电气、焊工冒险操作。

（5）盛过或装有易燃、可燃液体、气体及化学危险物品的容器、管道和设备，在未彻底清洗干净前，不能进行焊割作业。

（6）严禁在有可燃蒸气、气体、粉尘或禁止明火的爆炸危险性场所进行焊割作业。在这些场所附近进行焊割作业时，应按有关规定，保持一定的防火距离。

（7）遇有五级以上大风气候时，施工现场的高空和露天焊割作业应停止。

（8）作业点附近有易燃爆物，在未彻底清理或未采取安全措施之前，不能进行焊割作业。

（9）用可燃性材料做保温层的部位及设备未采取可靠的安全措施，不能进行焊割作业。

（10）作业点与外单位有接触，在未采取安全措施前，不能进行焊割作业。

（11）作业点附近有与明火相抵触的工种作业时，不能进行焊割作业。

84. 油漆作业中的消防注意事项有哪些?

（1）油漆工必须经过防火安全知识的教育培训，并经考试合格方能从事油漆作业生产，否则不许进行操作。

（2）油漆车间、工段、小组必须建立严格的安全操作规程和防火安全制度，并随时检查执行情况，实行奖惩制度。

（3）油漆场所是防火防爆重点部位，应建立和落实班（组）日检查制度，班前、班后勤检查，及时消除火灾隐患。

（4）油漆作业场所，严禁吸烟和明火作业，禁止携带打火机、火柴等进入油漆作业地点，不准使用易产生火花的工具，禁止穿带有铁钉的鞋进入工作地点。

（5）油漆车间需要动火检修焊接时，必须严格执行禁火区的动火程序，应经安全管理相关部门到现场检查合格，经厂领导批准后才能进行，并应办理动火书面审批手续。动火时应停止油漆作业，动火前应将作业场地 10 米以内的漆垢、可燃物打扫干净，清除有困难时，亦可用非燃材料或浸湿的麻袋、草袋覆盖在可燃物上，以免火花或高温直接接触可燃物。固定的浸漆、涂漆、喷漆设备、传送带等应用不燃材料严格搭盖，其通风量应保证油漆中的有机溶剂挥发量不超过爆炸下限的 1/3。

（6）油漆车间设置强力通风和抽风设备，调漆房、喷漆柜、干燥室也应该局部通风，通风设施要经常检查，保持有效，并随时测定混合气体浓度，防止易燃易爆气体浓度达到爆炸极限。

（7）油漆作业场所禁止使用明火采暖，宜用蒸汽、热水、热风等集中采暖，暖气管上不准烘烤棉织品，特别是沾漆的布、手套等。

（8）油漆车间除了进行生产直接需要的材料外，不准积存大量易燃、可燃材料，出入口不能堆积物品，必须保持通道畅通。

（9）油漆作业场地、调漆房和排风管道必须经常打扫、随时清除漆垢、干残渣和可燃物，沾有油漆的棉纱、抹布应每天清洗，放入加有清水的金属箱内加盖密闭，不能乱丢。沾油漆工作服应挂在固定通风的地方，工作服内不要装沾油漆的布和棉纱团等，防止自燃。

（10）严格执行领退料制度，领取的漆料应放置在安全地点，并指定专人负责保管，用剩的漆料要及时退还仓库，不得放在操作间内。

（11）油漆小组的调漆房只准存放一天的油漆和稀释剂用量，切勿放在门口和人员经常走动或操作的地方，油漆和稀释剂应选择安全地方妥善摆放，漆桶应盖好，防止油漆挥发或遇火燃烧。

85. 电气火灾的扑救方法有哪些？

（1）断电灭火法

当扑救人员的身体或所使用的消防器材接触或接近带电部位，或在冷却和灭火中直流水柱、喷射出的泡沫等射至带电部位，电

流通过水或泡沫导入扑救人员的身体，或电线断落对地短路存在电流的地区形成跨步电压时，容易发生触电事故。为了防止在扑救火灾过程中发生触电事故，首先应禁止无关人员进入着火现场，特别是对于有电线落地已形成了跨步电压或接触电压的场所，一定要划分出危险区域，并设置明显的标志和专人看管，以防他人误入而受伤。同时，要与生产调度、电工技术人员合作，在允许断电时要尽快设法切断电源，为扑救火灾创造安全的环境。

（2）带电灭火法

1）用灭火器实施带电灭火。对于初起带电设备或线路火灾，应使用二氧化碳或干粉灭火器进行扑救。扑救时应根据着火设备或电气线路的电压，确定扑救的最小安全距离，在确保人体、灭火器的筒体、喷嘴与带电体之间距离不小于最小安全距离的前提下，操作人员应尽量从上风方向灭火。

2）用固定灭火系统实施带电灭火。生产装置区、库区、装卸区和变配电所等部位的蒸汽、二氧化碳、干粉固定灭火装置，以及雾状水等固定或半固定的灭火装置，可以直接用于带电灭火。

3）用水实施带电灭火。因水能导电，用直流水柱近距离直接扑救带电的电气设备火灾，扑救人员会有触电伤亡危险，只有在通过水流导致人体的电流小于1毫安时，才能保证灭火人员的安全。

86. 带电灭火中的注意事项有哪些？

（1）不得用泡沫灭火器，应使用二氧化碳灭火器、化学干粉灭火器。

（2）所使用的消防器材与带电部位的安全距离不小于1米。

（3）对架空线路等高空设备灭火时，人体与带电体之间的仰角不应大于45°，并站在线路外侧，以防导线断落造成触电。

（4）高压电气及线路发生短路时，在室内扑救人员不得进入距离故障点4米以内的区域，在室外扑救人员不得进入距离故障点8米以内的范围，凡是进入人员，必须穿绝缘靴。接触电气设备外壳及架构时，应戴绝缘手套。

（5）使用喷雾水枪灭火时，应穿绝缘靴、戴绝缘手套，挂接地线。

（6）未穿绝缘靴的扑救人员，要防止因地面水渍导电而触电。

第7章 交通运输火灾工伤预防措施

87. 汽车火灾的特点有哪些?

（1）起火快，燃烧猛

汽车中一般装有大量的汽油、柴油等燃料油和润滑油，它们易挥发、燃点低、点火能量小、遇火即可爆燃；车厢、驾驶室及橡胶管、轮胎等多为木材、橡胶、塑料等易燃可燃物品，火灾荷载大，起火后燃烧猛烈；在行驶中，因空气流通接触氧充足，更能促使火势迅猛发展。同时，汽车起火后，常伴有油箱、油管等盛油容器爆炸破裂，引起油品飞溅，形成大面积火灾。

（2）人员、车辆疏散难

车辆发生火灾后，往往因火势猛烈，车内人员惊慌失措，使车门窗阻塞，甚至不能开启，车内人员很难逃出车外；有时车门被挤压变形，或因车厢倾覆，车门被压在下面而打不开，乘客就更难疏散出来，尤其是公交车辆，载客量大，车辆出口少（一般为1~2个），人流疏散能力有限。另外失火车辆若处于交通要道、城市较繁华地段，则因人流、车流多，着火车辆、人员也极难疏散。

88. 如何预防汽车火灾发生？

（1）防止油料渗漏

汽车火灾事故大部分是因油料燃烧引起的，因此驾驶员要随时检查燃油供给系统和润滑油有无渗漏，发现渗漏，要及时处理；润滑油的轻微渗油现象有时很难根除，要及时将渗出的油迹擦净；油箱盖和使用防冻液时的水箱盖要盖严密，油料和防冻液不可加注过满，以防激溅溢出。此外，还要注意油箱的温度，如夏季日光暴晒等，都会使油箱过热，增加油料的挥发，挥发出来的油气更容易引起火灾。油箱焊修时要将箱壁上黏附的残油洗净，在途中排除油路故障时，要注意渗漏的油不能被点燃，任何时候都不准用汽油擦洗汽车发动机。

（2）隔绝火源

火源是指能够点燃油料或其他易燃品的火花、火种与炽热体，针对汽车防火而言，主要有如下几个方面：

1）人为火源。如烤车的火、点燃的油灯、火柴火、打火机火、喷灯火、车库的炉火、照明灯的电火、抽烟的火等，这些火源都有引起汽车火灾的先例，特别是在油箱口附近或汽车漏油时，由于疏忽大意容易引起火灾。因此，对驾驶员要加强防火意识教育，企业要有严密的防火制度，无关人员严禁进入车库。

2）汽车本身的电火花。汽车的高压电虽有防护，但在汽缸外跳火的机会仍然很多，如高压线插头松动，绝缘老化等都会引起高压跳火，如附近有易燃物或汽油蒸气，就会引起火灾。因此，预防火灾必须保持车辆状态良好，加强车辆的维护。

3）汽缸内溢出的火。化油器回火、排气管放炮、点火时间不合适、负荷过大、混合气过浓等引起的发动机排气管过热，都能引起火灾。特别是在发动机不清洁，沾染油污，油污黏附杂草枯叶时，遇到火源也能引起火灾。为此，必须经常擦拭发动机，保持其外表清洁，并使油电路调整适当。

4）防止静电火花和金属撞击引起的火花。汽油与油箱、油料与油罐在运动中会因摩擦产生静电，当电位高到一定程度也会产生静电火花引起火灾。因此，仓库的储油容器、管线、装卸设备上要安装接地线，以便把静电导入大地。油罐车要拖一根接地链，且要连接牢固、导电良好。加油时，加油枪管口应尽量接近油面，控制流速，以减少油料搅动与冲击，避免产生火花。实践证明，在装油开始和装到容器 3/4 以后时，最容易发生静电火花事故。所以在加油开始时和接近装满时，要放慢油的流速。黑色金属的撞击也能产生火花，所以在有汽油或汽油蒸气的地方，严禁用铁锤或扳手敲击金属，如油箱口、油桶盖等。

89. 汽车发生火灾如何处理?

（1）当汽车发动机发生火灾时，驾驶员应迅速停车，打开车门让车上人员下车，然后切断电源，取下随车灭火器，对准着火部位的火焰正面猛喷，扑灭火焰。

（2）汽车车厢货物发生火灾时，驾驶员应将汽车驶离重点要害部位（或人员集中场所）停下，并迅速向消防救援部门报警。

（3）当汽车在加油过程中发生火灾时，驾驶员不要惊慌，要立即停止加油，迅速将车开出加油站（库），用随车灭火器或加油站的灭火器以及衣物等将油箱上的火焰扑灭。如果地面有流散的燃料时，应用库区灭火器或沙土将地面火扑灭。

（4）当汽车在修理中发生火灾时，修理人员应迅速下车或钻出维修地沟，迅速切断电源，用灭火器或其他灭火器材扑灭火焰。

（5）当汽车被撞后发生火灾时，如果车辆零部件损坏，乘车人员伤亡比较严重，首要任务是设法救人。

（6）当停车场发生火灾时，一般应视着火车辆位置，采取扑救措施和疏散措施。如果着火汽车在停车场中间，应在扑救火灾的同时，组织人员疏散周围停放的车辆。

（7）当公共汽车发生火灾时，由于车上人多，所以驾驶员要特别冷静果断。首先应考虑到救人和报警，然后视着火的具体部位而确定逃生和扑救方法。

90. 汽车火灾事故处置时有哪些注意事项?

（1）汽车失火，除迅速扑灭外，如可能波及周围建筑物或其他车辆、物资时，应果断地把车开到较为安全的地点。

（2）行驶中的汽车失火，应马上停车熄火，关闭百叶窗。如果是客车，要及时打开车门，组织乘客下车，再利用车上的器材灭火。如车上的货物失火，应将失火的货物卸下后进行扑救。

（3）如因撞车、翻车失火，应先救人，在灭火的同时要防止火势蔓延。汽车撞车、翻车后尚未起火，要防止油料流淌，引起火灾。

（4）停车场（库）内的汽车失火，驾驶员应根据现场火情，尽快把着火的汽车推出车场（库）外，或使其离开相邻车辆，同时积极扑救火灾并通知消防救援部门。

91. 列车火灾的特点有哪些？

（1）火灾荷载大

目前铁路列车特别是旧型列车修造时尚缺乏严格定型的消防技术规范。其车体内的壁板、顶板、座椅、地板等大量使用未经阻燃处理的木板、胶合板或高分子材料，以及毛毡、软木等易燃防寒保温衬垫材料，极易被引燃进而发生火灾。

（2）列车上火源、电源较多，火灾隐患大

常见的列车一般配有 48 V、220 V、380 V 三种电压的配电线路，以及照明灯具、空调系统、电茶炉、电热水器、电消毒柜等日趋齐备的生活用电设施。由于全列车用电负载、电气接插点的增多，使送配电系统和电气设施、设备的事故发生概率也相应提高，为火灾发生埋下隐患。

（3）燃烧蔓延猛

列车的特殊结构和空间形式使列车火灾具有燃烧猛烈、多向蔓延的特点。运行中的列车起火时有三种蔓延形式：热传导、热对流和热辐射，在三种方式的共同作用下，火焰传播迅速，在短时间内猛烈蔓延。

（4）灭火设备供给不足

列车上配置的便携式干粉灭火器仅能扑救初起火苗，对达到中期的火灾很难起到有效的灭火作用。沿线及车站特别是三等以下车站，通常没有设计、设置扑救运行列车火灾的室外消防给水设施和消防水源、消防车通道，而且提速后线路两侧封闭，平交道口减少，使消防车难以接近起火列车，从而贻误灭火战机。

（5）灭火效能难以发挥

列车起火部位多为电气隐蔽部位、行李架、座位下部、配电盘后部、顶棚或端板内层，受使用条件限制，灭火剂难以深达起火点，余火处理较为困难；乘务员力量不足，起火信息、消防器材传递存在现实难度。

92. 如何预防列车火灾发生？

（1）加强设备、电器的安全管理

1）燃煤锅炉、茶炉。点火前具体检查各阀门位置是否正确，水位表、温度表是否良好，严禁缺水点火，室内不准堆放杂物，并要保持清洁，及时消除油污；加煤时检查煤内是否有爆炸物；离人加锁；炉灰应用水浸灭后清除出车外；经常巡视检查。

2）餐车炉灶。检查储藏室是否有易燃易爆物品，烟囱、炉灶、排油烟罩应定期清除油垢及杂物，燃气、燃油罐与炉灶之间的间距不得小于 50 厘米；列车运行过程中，严禁在餐车炼油，油炸食品和食品过油时油量不得超过容器容积的三分之一；乘务人员不得使用自备的炉具和电热器具。严禁炊事人员操作期间，在火源、气源未关闭的情况下擅离岗位；在液化气瓶漏气时，应将其撤离餐车后检查修理，并对餐车开窗通风，严禁在液化气大量泄漏时点火或操作电气开关，严禁在液化气泄漏时用明火检查漏气部位。

3）发电车和车辆电气装置。列车出发前和到站后，应对各种电气设备进行安全检查，各种电源配线及裸露在墙板线槽的导线应排列整齐，线头要包扎良好，防止漏电过程中产生火花；各接线端子、接线柱应防止开焊、松动虚接而产生电火花和电弧；各电源熔断丝应根据规定配齐，严禁以大代小，严禁用其他金属丝代替熔断丝，使电路保险装置失去安全保险作用。列车运行中车厢电源和电气设备必须保持状态良好、清洁；发电车和车厢的配电室内严禁存放物品；配电室离人时应锁闭；乘务人员应严格遵守操作规程，严禁乱拉电线，乱设电气装置。

（2）整顿列车秩序，严禁“三品”（危险品、易燃易爆品和毒害品）上车

列车在始发站和较大站、重点区段站停靠，乘客上车时乘务人员要严格按照制度、方法进行“三品”检查，密切注意旅客随身携带的物品，发现危险品、易燃易爆物品和毒害品时应立即没收。

（3）强化日常消防安全管理

1）在禁止吸烟的车厢内，要提醒乘客不得吸烟。在允许吸烟的部位，要告诫乘客吸烟时将捻灭的烟头和熄灭的火柴梗放在烟灰盒内，不可随手乱扔，并应在车厢内备齐烟灰盒。要提醒乘客严禁躺在睡铺上吸烟。

2）要及时对车内进行检查和清扫，避免如纸张、碎布片等易燃可燃物品堆积在地板上。教育乘客将废弃的物品放在茶几上，并及时给予清除。行李应放在行李架上，不得放在通道上，以免发生火灾时妨碍乘客有秩序地疏散逃生。

3）广播室内禁止吸烟，严禁放置易燃可燃物品和其他物品；行李车上要注意检查“三品”的带入，并不准闲杂人员搭乘；邮

政车上严禁闲杂人员进入，并严禁烟火。

4）经常组织乘务人员学习消防知识，使其掌握对列车内用火、用电设备及灭火器材等方面进行检查、使用的技术性知识和方法，真正做到平时能防火，一旦发生火灾能迅速、妥善、正确处理，将火灾损失减少到最低限度。

93. 如何扑救列车火灾？

（1）客车火灾扑救

运行中的客车发生火灾，乘务人员应迅速扳下紧急制动闸，使客车停下，并把车门和车窗全部打开，让乘客从门窗处撤离，或将乘客疏散到着火客车两端的车厢内。客车在行驶途中或停车

时发生火灾，在疏散完人员后，消防人员应摘钩疏散未着火的车厢，控制火势蔓延。客车火灾应迅速在起火车厢两侧堵截火势，阻止火势向列车前后蔓延，进而从外部扑救车厢火灾。

（2）货车火灾扑救

货车在运行途中发生火灾，运行车长应及时报告路局调度室，请示停车位置，等待消防人员前往扑救。货车停在车站、货场或编组站内发生火灾时，应将货车迅速开到安全的路段，等待消防人员前来扑救，可采取分解车厢的方法对货车车厢进行疏散。扑救货车火灾时，应查明车厢内货物的种类、物理化学性质，再采取相应的扑救方法，防止灭火剂与货物发生化学反应，加速燃烧和爆炸；灭火与抢救物资必须兼顾，应边灭火边转移物资到安全地带，减少货物损失，并撤离与火源相近的可燃物质。

（3）机车火灾扑救

内燃机车发生火灾时，应首先停机断电。柴油机和油箱着火，应使用泡沫或雾状水灭火，并冷却燃油箱，防止发生爆炸；电气设备着火，应使用干粉、二氧化碳等灭火剂和雾状水灭火。电力机车发生火灾时，应首先切断电源，使用干粉、二氧化碳等灭火剂灭火。特殊情况下，也可用水扑救，但必须断电。

（4）轻轨列车火灾扑救

停站轻轨列车发生火灾，列车驾驶员或站台工作人员应切断列车电源，引导列车及站内的人员从站台出入口进行撤离。消防人员利用站台固定消防设施，深入列车内部灭火。必要时，可对列车窗户进行破拆，开辟疏散和进攻通道，并排除烟雾。轻轨列车在运行途中发生火灾，驾驶员应尽量将着火列车开至就近站台，先将乘客进行疏散，然后切断列车电源，实施灭火。

（5）磁悬浮列车火灾扑救

磁悬浮列车在运行中发生火灾，主要依靠乘务人员和乘客利用灭火器实施扑救。如果火势较大，乘务人员应指导着火车厢乘客向两端车厢撤离，并迅速放下事故车厢的火灾屏障门和两端车厢屏障门，通知列车运行控制中心，在列车抵达的下一站做好火灾扑救准备。

94. 飞机火灾的特点有哪些?

（1）火灾突发性强

多数飞机的火灾和爆炸事故在发生之前并无十分明显的征兆，即使有，也往往因来不及采取应对措施或处置不当而造成事故。

（2）火势燃烧猛烈

由于飞机自身带有大量燃料油，机内装修装饰材料及乘客携带的一些物品是可燃物质，且无论是飞行期间，还是在停留状态都始终处于大气之中，氧气供应充足，故飞机着火的一个显著特性是火势在非常短的时间内可达到致命的强度。

（3）人员疏散困难

受飞机空间结构的限制，飞机无法像建筑物那样设置足够的疏散设施，疏散条件相对较差。飞机起火后，乘客容易惊慌失措，争相逃生，堵塞通道，无法疏散。如果火灾发生在起降或飞行过程中，则机上人员几乎无路可逃。

（4）人员易中毒死亡

飞机舱内部的装修材料大多是聚氯乙烯、聚氨酯等塑料制品以及合成皮革等，一旦着火，这些材料会生成一氧化碳、二氧化碳、氯化氢、氯气、氰化氢、二氧化硫和光气等有毒或窒息性气体，同时释放出大量热量，导致乘客缺氧、中毒、高温灼烤，以致造成重大伤亡。

（5）火灾扑救困难

飞机火灾往往是瞬间发生且蔓延迅速。飞机升空后起火，地面消防力量无法施救，只能靠自身的消防设施进行扑救，这通常只能扑救初起火灾。并且飞机的制造材料中包含大量可燃轻金属，同时有大量航空燃油，这些物质着火都不能用水扑救，燃油遇水会爆溅或随水流淌形成流淌火灾，而镁、钛合金着火后，遇水会猛烈燃烧，甚至发生爆炸。

（6）火灾影响巨大

民航的乘客通常来自不同的国家、地区，一旦发生事故，不仅会造成机毁人亡的重大损失，而且在国内外会产生巨大影响，甚至会在相当长一段时间内，给民众乘机出行的安全感和自信心留下巨大阴影。

95. 如何预防飞机火灾发生？

（1）飞机在飞行过程中的防火

1）飞机在空中飞行时，机上空勤人员和乘客一律禁止吸烟。

2）飞行人员必须严格遵守飞行条例规定，与其他飞机、建筑物等保持足够的距离并按规定的方向避让，严防事故的发生。

3）机上的电热器具如电炉、烘箱、电加热器等应严格管理，不用时应立即关闭电源或拔掉插头。严禁飞机在积雨云、浓积云和结冰区域内飞行，以防雷击。

4）加强飞行过程中的安全检查，发现异常情况应冷静采取果断措施或及时将出现的问题和处置情况向航行管制员报告。

5）在低能见度或出现故障情况下着陆时，飞行人员应通过塔台事先通知消防救援部门，做好应急救援准备。飞机着陆时，一旦出现起落架故障且无法排除时，可在规定地带进行迫降。迫降前，除留足可供迫降的燃油外，其余燃油应立即放掉，以减少危险。迫降时，航行管制员应立即通知消防救援部门赶赴现场，做好灭火准备。

（2）飞机在停机坪时的防火

1）飞机在地面时，要控制各种车辆的行驶路线，严防撞机事故发生，除客梯车外，其他车辆与飞机应保持一定的安全距离。电源车、客梯车、装货车、牵引车、清洗车及加油、加水车、食品供给车等勤务车辆，必须按次序靠近飞机，并按规定在指定位置停放，进入客机坪的行驶速度最大不得超过每小时 10 千米。

2）严格管理飞行活动区域，严禁人、畜、车辆进入以免发生危险。此区域应消除飞鸟集生的环境条件，附近的建、构筑物应安装灯光标志，以防飞机与飞鸟或建、构筑物撞击发生事故。

3）禁止旅客班机和载人专机装运易燃、易爆、自燃、强氧化、强腐蚀等化学危险品和压缩气体，空勤人员和乘客不准随机携带烟花爆竹和火柴，货物装运时，装运人员不准吸烟。

4）集装箱和零散行李要码放牢固，零散行李与货舱照明灯具应保持不小于50厘米的距离。

5）飞机起飞前应严格检查，停机坪上的可燃物必须彻底清除。

（3）飞机在进行检修时的防火

1）维修燃油箱时，必须在消除燃油箱油气前做好通风、灭火等防范措施，必须拆下飞机上的电瓶，停止发动机工作并挂出警示牌，工作人员应穿棉布质的清洁安全工作服。

2）飞机充氧系统充氧前，充氧人员必须洗净手上的油脂，穿专用充氧服，并先接好专用地线。充氧时，严禁易燃物与充氧器具接触，同时严禁飞机加油、通电。充氧结束后，应先关充氧车充氧开关，再关飞机充氧开关，最后缓慢地放出充氧管中的余压。充气现场的地面及周围不得有任何易燃物和火源。

3）进行大面积喷漆、涂饰作业时，飞机必须做好静电接地，并在工作区附近或舱门入口的梯子处放置灭火器。

96. 如何扑救飞机火灾？

（1）扑救起落架火灾

1）过热发烟阶段。用雾状水或二氧化碳冷却，但应让机轮和轮胎自然冷却。

2）局部燃烧阶段。尽快在上风向沿机身方向用雾状水掩护疏散人员，用干粉灭火，并用雾状水冷却危险部位。

3）完全着火阶段。使用大剂量的泡沫与干粉联用扑救，用泡沫冷却机身、机翼。

4）轮轴方向长 180 米、沿轮轴方向左右各大于 40° 的范围为危险区域，消防救援时要穿戴好隔热服、头盔，从起落架前方或后方小心接近，渗漏油品时则用泡沫覆盖或用干粉灭火。

（2）机翼火灾的扑救

喷射泡沫覆盖冷却机身，泡沫干粉联用在上风向冲击火焰，两翼外推阻挡火势，围机灭火，但严禁沿机翼线向机身方向喷射泡沫，以免将燃油驱到机身。

（3）扑救飞机发动机火灾

1）切断油路供给，启动自动灭火系统，并用卤代烷和二氧化碳灭火器扑灭发动机火灾。

2）勿站在发动机下，也勿站在进气口前 7.5 米、排气口 45 米范围内，用泡沫有效控制周围的火势，并用泡沫和雾状水喷洒覆盖吊舱和其他部位，也可用干粉或二氧化碳扑灭吊舱火。

（4）扑救机身内部火灾

1）用雾状水控制火势，泡沫覆盖或开花水流冷却危险部位。

2）戴空气呼吸器，穿防火服、隔热服，进入舱内，与外部配合，内外夹攻，用干粉或二氧化碳扑灭驾驶舱火，其他用喷雾水或泡沫灭火。

3）客舱内没有旅客时，可灌入高、中倍泡沫封闭灭火。

97. 船舶火灾的特点有哪些?

（1）结构复杂，疏散困难

由于空间局限性，船舶结构设计一般较紧凑复杂。船上设有不同用途的舱室（如船员的工作、生活舱，燃料舱，设备间等）和很多透风空筒及楼梯，舱内的通道和楼梯狭窄，都只能容一人通过，而且疏散通道较少、乘客多（如客轮）。一旦发生火灾，油气混合物极易在船舱爆轰，烟雾和火势快速蔓延，乘客极难逃生。

（2）热传导性强，扑救难度大

现代大中型船舶的船体结构多以钢板制造，热传导性能强，钢板容易成为高温载体，易引燃附近的可燃物质，从而使火势扩大。同时，船舶既有高层建筑的高度，又有地下建筑的特点，还有化工火灾的复杂，是集高层、地下、化工、人员密集场所、仓储于一体的火灾类型，防范火灾和灭火都较困难。

（3）可燃物多，蔓延速度快

船舶舱室内的舱壁、衬板、天花板和镶板等，很多采用胶合板、聚氯乙烯板、聚氨酯泡沫塑料、化学纤维等可燃材料，舱室内的家具、地毯、帘布、床铺等也多为可燃材料制成，尤其是客轮。如果机舱、船楼等部位发生火灾，火势会沿着电缆线、油管线等快速向四周蔓延。此外，船上储有大量的汽油、柴油、重油及液化天然气、液化石油气等燃油、燃气作为动力燃料及生活燃料（尤其是远洋船舶），发生火灾后更易引起爆炸。

（4）交通条件受限，处置难度大

若航行中发生火灾，由于远离陆地，扑救力量无法及时到达实施灭火救援。而当停靠岸边时，由于船舶较高，吃水较浅，消防车辆不易靠近灭火。因此，船舶火灾主要依靠其本身的灭火设施来施救。

98. 如何预防船舶火灾发生？

（1）禁止在机舱、货舱、物料间或储藏室内吸烟，在卧室内禁止躺着吸烟；装卸货或加装燃油时禁止在甲板上吸烟。

（2）吸烟时，烟头、火柴杆必须熄灭后投入烟缸，不能乱丢或向舷外乱扔，也不准扔在垃圾桶内；开房间时应随手关闭电灯和电扇等电器；风雨或风浪天气应将舷窗关闭严密，航行中禁止锁门睡觉。

（3）必须集中保管的易燃易爆物品，不准私自存放，禁止任意烧纸或燃放烟花爆竹、严禁玩弄救生信号弹。

（4）禁止私自使用移动式明火电炉。使用电炉、电水壶、电熨斗、电烙铁等电热器具时，必须有人看管，离开时必须拔掉插头或切断电源；不准擅自接拆电气线路和电器，不准用纸或布遮盖电灯，不准在电热器具、蒸汽器具上烘烤衣服、鞋袜等。

（5）废弃的棉纱头、破布应放在指定的金属容器内，不得乱放；潮湿或油污的棉毛织物应及时处理，不准堆放在闷热的地方，以防自燃。

（6）货舱灯必须妥善维护。使用货舱灯时要预先检查灯泡及护罩，如有损坏应及时换新；货舱灯电缆要通畅，防止被他物压坏；使用后应放在指定地点妥善保管。

（7）明火作业须经船长同意（港内必须经管理部门批准）。明火作业前须查清周围及上下邻近各舱有无易燃物，特别要查明焊接处是否通向油舱；当进行气焊作业时，要严防“回火”，避免事故发生，同时须派专人备妥消防器材在旁监护；作业完毕后，要仔细检查有无残留火种、有无复燃可能。

（8）油轮除应遵守交通运输部公布的《油船安全生产管理规则》外，其货油泵间必须保持清洁，不得堆放杂物，污油应经常清除。货油泵要定期检查，并应按规定进行注油；装卸期间，油泵操作人员或轮机员不得擅离值守；禁止照相开闪光灯和在甲板阳光下戴老花眼镜。

（9）严格遵守与防火防爆有关的安全操作规程和有关规定。当发现任何不安全因素时，每个船员均有责及时报告上级；对违章行为，人人有责任制止。

99. 如何扑救船舶火灾?

航行船舶发生火灾时应立足于自救灭火，并寻求援助。船舶火灾发生时应采取的扑救步骤是：发出火警、寻找火源、隔绝火场、展开扑救。扑救船舶火灾的一般原则可归纳为以下几点：

（1）在航行中的船首先要减速并改变航向；根据风向和着火部位，结合航道情况迅速将船调整到适当方向。减速可减小舱内空气压力，改变航向可以使着火部位背风或将火焰吹向舷外，有利于各项灭火行动的开展。

（2）先控制，后灭火。充分利用现有设施控制火情，阻止火焰的传播；对着火点附近的易燃易爆品采取隔离、冷却等措施，防止被引燃发生二次灾害；火情得到控制后进行灭火工作，彻底扑灭余火。

（3）火灾发生后优先抢救被困人员，救人先于灭火。

（4）火灾发生后立即向消防救援部门报告船的方位，报告的位置应准确可靠，便于消防救援人员赶来救援。

（5）救援过程中应充分考虑船舶稳性和浮性。射水灭火前应有预设或在灭火期间采取排水措施，保持船舶的稳性和浮性。

（6）灭火没有希望时，应抢滩或弃船。

100. 船舶火灾事故处置有哪些注意事项？

（1）在实施扑救火灾行动前要有严格缜密的作战计划。通过侦察，不仅要正确选择好进攻路线，又要做好战斗员进入火场的保护工作；正确分析、判断火势的蔓延方向、变化条件，合理部署和适时调整力量，保障抢险灭火救援的顺利开展。

（2）对于破拆进攻，在破拆时一定要有工程技术人员指导、相关资料的说明，不要贸然破拆，以免造成油火流淌，火势扩大。破拆开辟出来的通道要利于排烟、便于疏散人员、有利于消防员行动，为灭火工作提供有利的条件。

（3）当机舱内明火被扑灭以后，一定要注意到油蒸气的扩散，做到及时稀释，防止油蒸气与空气再次混合而发生爆炸，造成不必要的伤亡。

第8章 烟花爆竹火灾爆炸工伤预防措施

101. 火药制造阶段的注意事项有哪些?

(1)原料准备

烟火药的原材料必须符合有关烟火药原料质量标准，并具有产品合格证，进厂后应经过化验和工艺鉴定后，方可使用。在备料和使用过程中不得混入对药物增加感度的物质。出厂期超过1年的原材料，必须重新检验合格方可使用。

(2)粉碎、筛选

粉碎应在单独工房进行，粉碎前后应筛选掉机械杂质，筛选时不得使用铁质等产生火花的工具。粉碎易燃易爆物料时，必须在有安全防护墙的隔离保护下进行。黑火药所用原材料一般可采用单料粉碎，但应尽量把木炭和硫黄两种原料混合粉碎；烟火药所用的原材料只能分机单独进行粉碎；感度高的物料应专机粉碎。

（3）机械粉碎物料主要注意事项

1）粉碎前对设备进行全面检查，并认真清扫粉尘。

2）必须远距离操作，人员未离开机房，严禁开机。

3）进出料时，必须停机断电。

4）添料和出料，应停机 10 分钟，散热后进行操作。

5）注意通风散热，防止粉尘浓度超标。

6）用湿法粉碎时，严禁物料泡沫外溢。粉碎的物料包装后，应立即贴上品名和标签。

102. 烟花爆竹的安全储存要求有哪些？

（1）储存安全要求

烟花爆竹是高危物品，对于烟花爆竹的安全储存，相关法律规范都有明确的规定：

1）烟花爆竹必须储存在专用仓库内，严禁露天堆放；储存烟花爆竹的仓库，必须设有避雷装置、消防水源、灭火设备及消防通道。

2）建立烟花爆竹仓库的单位，必须持县以上主管部门批准的文件及设计图纸，向所在地县（市、区）公安机关申请，经审查同意后，方准施工。竣工后，经公安等有关部门验收，由公安机关发给烟花爆竹储存许可证，方准储存。临时经销烟花爆竹的单位和个人，必须设有临时专门库房，经所在地公安派出所检查合格，方准使用。

3）不同危险等级的烟火爆竹必须分类储存在相应级别的建筑物内（见表 8–1），A 级建筑物为建筑物内的危险品在制造、储存、运输中会发生爆炸事故，在发生事故时，其破坏效应将波及周围，根据其破坏能力应划分为 A_2、A_3 级；C 级建筑物为建筑内的危险品在制造、储存、运输中主要发生燃烧事故或偶尔有轻微爆炸，但其破坏效应只局限于本建筑物内的厂房和仓库。

表 8–1　不同危险等级的烟花爆竹及其相应建筑物等级分类

储存的危险品名称	危险等级
引火线，含氯酸盐或高氯酸盐的烟火药、爆竹药、爆炸音剂、笛音剂	A_2
黑火药，不含氯酸盐或高氯酸盐的烟火药、爆竹药，大爆竹，单个产品装药在 40 克及以上的烟花或礼花弹，已装药的半成品、黑药引火线	A_3
中、小爆竹，单个产品装药在 40 克以下的烟花或礼花弹	C

（2）储存仓库的安全要求

储存烟花爆竹的仓库，必须严格遵守下列规定：

1）按要求设专职保管员，建立严格的保管、领发和出入库登记制度。

2）库区内严禁无关人员进入；严禁吸烟和用火；进入库区的机动车必须加装火花熄灭装置。

3）库区内装设的照明、报警等电气设备，必须符合防爆、防火规定。

4）库区严禁设立办公室、宿舍和存放其他易燃易爆物品。

5）库内储存量不得超过设计容量。性质不同的烟花爆竹，不得同库存放。

6）库内堆垛之间、堆垛与墙壁之间、垛底与地面之间距离及堆垛的高度、宽度设计等必须符合《仓库防火安全管理规则》。

7）对于烟花爆竹储存仓库的设计、建设和使用，相关法规、规范有明确的要求：仓库区域规划和外部距离、库房平面布置和内部距离、库房建筑与结构、安全设施等必须符合《烟花爆竹工程设计安全规范》（GB 50161—2009）的要求。

103. 烟花爆竹的安全运输要求有哪些？

烟花爆竹运输是指用设备和工具将烟花爆竹从某一地点向另一地点运送的物流活动。

（1）道路运输条件

经由道路运输烟花爆竹的，应当经公安部门许可；经由铁路、水路、航空运输烟花爆竹的，依照铁路、水路、航空运输安全管理的有关法律、法规、规章的规定执行。经由道路运输烟花爆竹的，托运人应当向运达地县级人民政府公安部门提出申请，并提供相关材料：

1）承运人从事危险货物运输的资质证明。

2）驾驶员、押运员从事危险货物运输的资格证明。

3）危险货物运输车辆的道路运输证明。

4）托运人从事烟花爆竹生产、经营的资质证明。

5）烟花爆竹的购销合同及运输烟花爆竹的种类、规格、数量。

6）烟花爆竹的产品质量和包装合格证明。

7）运输车辆牌号、运输时间、起始地点、行驶路线、经停地点。

（2）道路运输安全要求

受理申请的公安部门应当自受理申请之日起 3 日内对提交的有关材料进行审查，对符合条件的，核发烟花爆竹道路运输许可证；对不符合条件的，应当说明理由。烟花爆竹道路运输许可证应当载明托运人、承运人、一次性运输有效期限、起始地点、行驶路线、经停地点、烟花爆竹的种类、规格和数量。经由道路运输烟花爆竹的，除应当遵守《中华人民共和国道路交通安全法》外，还应当遵守下列规定：

1）随车携带烟花爆竹道路运输许可证。

2）不得违反运输许可事项。

3）运输车辆悬挂或者安装符合国家标准的易燃易爆危险物品

警示标志。

4）烟花爆竹的装载符合国家有关标准和规范。

5）装载烟花爆竹的车厢不得载人。

6）运输车辆限速行驶，途中经停必须有专人看守。

7）出现危险情况立即采取必要的措施，并报告当地公安部门。

烟花爆竹运达目的地后，收货人应当在3日内将烟花爆竹道路运输许可证交回发证机关核销。

104. 烟花爆竹生产加工车间的消防要求有哪些？

（1）烟花爆竹生产项目和经营批发仓库必须设置消防给水设施。消防给水设施可采用消火栓、手抬机动消防泵等不同形式的给水系统。

（2）消防给水设施的水源必须充足可靠。当利用天然水源时，在枯水期应有可靠的取水设施；当水源来自市政给水管网而厂区内无消防蓄水设施时，消防给水管网应设计成环状，并有两条输水干管接自市政给水管网；当采用自备水源井时，应设置消防蓄水设施。

（3）当厂区内设置蓄水池或有天然河、湖、池塘可利用时，应设有固定式消防泵或手抬机动消防泵。消防泵宜设有备用泵。

（4）危险品生产厂房和中转库的室外消防用水量，应按现行国家标准《建筑设计防火规范》（GB 50016—2014）中甲类建筑物的规定执行。当单个建筑物的体积均不超过300立方米时，室外消防用水量可按每秒 10 升计算，消防延续时间可按 2 小时计算。

（5）依据《烟花爆竹工程设计安全规范》（GB 50161—2009），1.3 级建筑物为建筑物内的危险品在制造、储存、运输中具有燃烧危险，偶尔有较小爆炸或较小迸射危险，或两者兼有，但无整体爆炸危险，其破坏效应局限于本建筑物内，对周围建筑物影响较小的建筑物；1.3 级厂房宜设室内消火栓系统，室内消火栓系统的设置应符合现行国家标准《建筑设计防火规范》（GB 50016—2014）中对甲类建筑物的规定。

（6）易发生燃烧事故的工作间宜设置雨淋灭火系统，并应符合下列规定：

1）存药量大于 1 千克且为单人作业的工作间内，宜在工作台上方设置手动控制的雨淋灭火系统或翻斗水箱等相应灭火设施。翻斗水箱容积应根据工作台面积，按每平方米 16 升计算确定。

2）作业人员少于 6 人，建筑面积大于 9 平方米且小于 60 平方米的工作间内，宜设置手动控制的雨淋灭火系统，消防延续时间按 30 分钟计算。

3）雨淋灭火系统的喷水强度每分钟每平方米不宜低于 16 升，最不利点的喷头压力不宜低于 0.05 兆帕。

（7）对储存产品或原料与水接触能引起燃烧、爆炸或助长火势蔓延的厂房，不应设置以水为灭火剂的消防设施，应根据产品和原料的特性选择灭火剂和消防设施。

（8）危险品总仓库区根据当地消防供水条件，可设消防蓄水池、高位水池、室外消火栓或利用天然河、塘。室外消防用水量应按现行国家标准《建筑设计防火规范》（GB 50016—2014）中甲类仓库的规定执行，消防延续时间按 3 小时计算。供消防车或手抬机动消防泵取水的消防蓄水池的保护半径不应大于 150 米。

（9）消防储备水平时不应被轻易动用。使用后的补给恢复时间不宜超过 48 小时。

（10）烟花爆竹生产项目和经营批发仓库宜按现行国家标准《建筑灭火器配置设计规范》（GB 50140—2005）的有关规定配置灭火器。

105. 烟花爆竹生产加工车间的防静电措施及要求有哪些?

（1）接地是防止静电聚集的最基本、最有效的措施。在危险场所中，有可能积聚静电的金属设备、管道及其他导电物体，均应接地，接地电阻不宜大于 100 欧；有可能积聚静电的非金属设备、管道应间接接地，接地电阻不宜大于 100 欧。

（2）当低压配电系统采用接零保护时，应符合下列规定：

1）引入建筑物的电源线，零线应重复接地，接地电阻不应大于 10 欧，接地装置可与防雷电感应接地装置共用。

2）电气设备正常时不带电的金属部分，应与零线连接。接零设备较多而且分散的场所，宜设构成封闭回路的接零干线，接零干线与电源零线的连接点不应少于两处。

3）接零线截面的选择，应使在单相短路故障时产生足够的短路电流，并应符合下列规定：

①在Ⅰ、Ⅱ类危险场所，此短路电流不应小于保护线段的熔

断体额定电流的 5 倍，或自动开关瞬时或短延时过电流脱扣器整定电流的 1.5 倍。

②在Ⅲ类危险场所，此短路电流不应小于熔断体额定电流的 4 倍，或自动开关瞬时或短延时过电流脱扣器整定电流的 1.25 倍。

③照明灯具的工作零线，可作为接零线。

④控制按钮、灯具及其开关，可利用有可靠电气通路的穿电线钢管作为接零线。

4）在Ⅰ、Ⅱ类危险场所内，除控制按钮、照明灯具及其开关外，各种用电设备必须采用专用的接零线。

（3）当低压配电系统采用接地保护时，应符合下列规定：

1）电气设备正常时不带电的金属部分，均应接地，接地装置的接地电阻不应大于 4 欧。

2）低压配电系统应设自动切断电源的检漏装置，断电范围应尽量缩小，当有电工值班时，可只装设发出声、光信号的检漏指示装置。

（4）为防止人体积聚静电的危害，在危险工作间的出入口处，应设置消除静电的接地装置，其接地电阻值不得大于 100 欧。

106. 烟花爆竹生产加工车间的防爆措施有哪些？

（1）对于Ⅰ类（F_0 区）场所，即炸药、起爆药、击发药、火工品的储存场所，黑火药、烟花药制造加工、储存场所不应安装电气设备；烟火药、黑火药的Ⅰ类危险场所采用的仪表，应选择适应本场所的本质安全型；电气照明采用安装在建筑外墙壁龛灯或装在室外的投光灯。

（2）对于Ⅱ类（F_1 区）场所，即起爆药、击发药、火工品制造的场所，电气设备表面温度不得超过允许表面温度（有 140 ℃、100 ℃等），且符合防爆电气设备的有关规定：应优先采用防粉尘点火型，或尘密结构型、Ⅱ类 B 级隔爆型、本质安全型、增安型（仅限于灯类及控制按钮）。当生产设备采用电力传动时，电动机应安装在无危险场所，采取隔墙传动。

（3）对Ⅲ类（F_2 区）场所，即理化分析成品试验站，选用密封型、防水防尘型设备。

107. 常用的阻火装置有哪些?

阻火装置又称为火焰隔断装置，包括安全液（水）封、水封井、阻火器及单向阀灯，其主要作用是防止外部火焰进入存有燃爆物料的系统、设备、容器及管道内，或者阻止火焰在系统、设备、容器及管道之间蔓延。

（1）安全液封

安全液封一般安装在压力低于 0.02 兆帕的管线与生产设备之间，其基本原理是：由于液封中装有不燃液，无论在液封两侧的哪一侧着火，火焰蔓延到液封就会熄灭。

（2）水封井

水封井是安全液封的一种，一般设置在含有可燃气（蒸气）

或者油污的排污管道上，以防燃烧爆炸沿排污管道蔓延。一般说来，水封高度不应小于 250 毫米。

（3）阻火器

阻火器的阻火层主要由拥有许多能够通过气体的，均匀或不均匀的细小通道或孔隙的固体不燃材料构成。常见的阻火器有金属网型阻火器、砾石阻火器、波纹金属片阻火器及平行板型阻火器等多种形式。

（4）单向阀

单向阀又称止逆阀、止回阀，它的作用是仅允许流体（气体或液体）向一个方向流动，若有逆流时即自动关闭，可以防止高压窜入低压引起设备、容器、管道的破裂。

（5）阻火闸门

阻火闸门是为了阻止火焰沿通风管道蔓延而设置的阻火装置。在正常情况下，阻火闸门受制于成环状或条状的易熔元件，处于开启状态，一旦着火，温度升高，易熔元件熔化，阻火闸门失去控制，闸门自动关闭，从而阻断火的蔓延。

（6）火星熄灭器

由烟道或车辆尾气排放管飞出的火星也可能引起火灾。通常在可能产生火星设备的排放系统，如加热炉的烟道，汽车、拖拉机的尾气排放管，要安装火星熄灭器（又称防火帽），用以防止飞出的火星引燃可燃物料。

108. 常用的防爆装置有哪些?

（1）安全阀

安全阀是为了防止非正常压力升高超过限度而引起设备、容器及系统爆裂的一种安全装置。当内压力超限时，安全阀能够自动开启，排出部分气体，使压力降至安全范围后再自动关闭，从而实现内部压力的自动调控，防止设备、容器或系统的破裂爆炸。设置安全阀时应注意以下几点事项：

1）新装安全阀，应有产品合格证；安装前，应由安装单位继续复校后加铅封，并出具安全阀校验报告。

2）当安全阀的入口处装有隔断阀时，隔断阀必须保持常开状态并加铅封。

3）如果容器内装有两相物料，安全阀应安装在气相部分，防止排出液相物料发生意外。

4）在存有可燃物料，有毒、有害物料或高温物料等的系统，安全阀排放管应有针对性的连接安全处理设施，不得随意排放。

5）一般安全阀可就地放空，但要考虑放空口的高度及方向的安全性。

（2）爆破片

爆破片（又称防爆膜、防爆片）利用法兰安装在受压设备、容器及系统的放空管上。当设备、容器及系统因某种原因压力超标时，爆破片即被破坏，使过高的压力泄放出去，以防止设备、容器及系统受到破坏。使用防爆片应注意：

1）由于钢、铁片破裂时可能产生火花，存有燃爆性气体的系统不宜选用其做爆破片。

2）在存有腐蚀性介质的系统，为防止腐蚀，可以在爆破片上涂上一层防腐剂。

3）爆破片爆破压力的选定，一般为设备、容器及系统最高工作压力的 1.15~1.3 倍，且必须低于系统的设计压力。

4）爆破片一定要选用有生产许可证单位制造的合格产品。

5）爆破片安装要可靠，表面不得有油污。

6）爆破片一般 6~12 个月更换一次，如果发现有在系统超压后未破裂的爆破片以及正常运行中有明显变形的爆破片应立即更换。

（3）防爆帽

防爆帽（爆破帽）也是一种断裂型的安全泄压装置。它的样式较多，其主要元件是一个一端封闭、中间具有一个薄弱断面的厚壁短管，当容器内压力超标时，即从薄弱断面处断裂，过高的压力从此处泄放。防爆帽结构简单、制造较容易且爆破压力易于控制，因此适用于超高压容器。

（4）防爆门

防爆门（窗）一般设置在使用油、气或煤粉做燃料的加热炉燃烧室外壁上，在燃烧室发生爆燃或爆炸时用于泄压，以防止加热炉的其他部分遭到破坏。

（5）防爆球阀

防爆球阀常用于加热炉的燃烧室底部，起泄压作用。

109. 常用的灭火器有哪些类型？

发生火灾时，不论是火灾的哪个阶段，使用灭火器进行扑救时，首先要根据火灾发生的性质和火场存在的物质，正确选用灭火器材。按充装灭火剂的材料不同，常用灭火器有水型、空气泡沫型、干粉型、二氧化碳型、7150 型灭火器具。

（1）水型灭火器

这类灭火器中充装的灭火剂主要是水，另外还有少量的添加剂。清水灭火器、强化液灭火器都属于水型灭火器，主要适用扑救可燃固体类物质如木材、纸张、棉麻织物等的初起火灾。

（2）空气泡沫灭火器

这类灭火器中充装的灭火剂是空气泡沫液。根据空气泡沫灭火剂种类的不同，空气泡沫灭火器又可分为蛋白泡沫灭火器、氟蛋白泡沫灭火器、水成膜泡沫灭火器和抗溶性泡沫灭火器等，主要适用于扑救可燃液体类物质如汽油、煤油、柴油、植物油、油脂等的初起火灾，也可用于扑救可燃固体类物质如木材、棉花、纸张等的初起火灾。对极性（水溶性）如甲醇、乙醚、乙醇、丙酮等可燃液体的初起火灾，只能用抗溶性空气泡沫灭火器扑救。

（3）干粉灭火器

这类灭火器内充装的灭火剂是干粉。根据所充装的干粉灭火剂种类的不同，有碳酸氢钠干粉灭火器、钾盐干粉灭火器、氨基干粉灭火器和磷酸铵盐干粉灭火器。我国主要生产碳酸氢钠干粉灭火器和磷酸铵盐干粉灭火器。碳酸氢钠适用于扑救可燃液体和气体类火灾，其灭火器又称 BC 干粉灭火器。磷酸铵盐干粉适用于扑救可燃固体、液体和气体类火灾，其灭火器又称 ABC 干粉灭火器。因此，干粉灭火器主要适用于扑救可燃液体、气体类物质和电气设备的初起火灾。

（4）二氧化碳灭火器

这类灭火器中充装的灭火剂是加压液化的二氧化碳。主要适用于扑救可燃液体类物质和带电设备的初起火灾，如图书、档案、精密仪器、电气设备等的火灾。

（5）7150 灭火器

这类灭火器内充装的灭火剂是 7150 灭火剂（即三甲氧基硼氧六环）。主要适用于扑救轻金属如镁、铝、镁铝合金、海绵状钛，以及锌等的初起火灾。

110. 如何选择使用灭火器？

（1）对于 A 类火灾，一般可用水冷却灭火，但对于忌水物质，如布、纸等应尽量减少水渍所造成的损失。对珍贵图书、档案资料应使用二氧化碳、干粉灭火器灭火。

（2）对于 B 类火灾，应及时使用泡沫灭火剂进行扑救，还可使用干粉、二氧化碳灭火器。

（3）对于 C 类火灾，因气体燃烧速度快，极易造成爆炸，一旦发现可燃气体着火，应立即关闭阀门，切断可燃气体来源，同时使用干粉灭火剂将燃烧火焰扑灭。

（4）D 类火灾燃烧时温度很高，水及其他普通灭火剂在高温下会因发生分解而失去作用，应使用专用灭火剂。金属火灾灭火剂有两种类型：一是液体型灭火剂；二是粉末型灭火剂。例如用 7150 灭火剂扑救镁、铝、镁铝合金、海绵状钛等轻金属火灾；用原位膨胀石墨灭火剂扑救钠、钾等碱金属火灾；少量金属燃烧时可用干沙、干的食盐、石粉等扑救。

（5）E 类火灾扑救时，断电灭火是关键，但在特殊情况下要考虑带电灭火。带电情况下，不能使用水型灭火器，否则易造成危险，可采用二氧化碳灭火器或干粉灭火器等。

（6）F 类火灾因有动植物油脂，所以在灭火时忌用水、泡沫及含水性物质，应使用窒息灭火方式隔绝氧气进行灭火，可选用干粉灭火器或二氧化碳灭火器。

111. 干粉灭火器及其使用方法？

（1）储压式干粉灭火器

储压式干粉灭火器将干粉与动力（压缩）气体装于一体，其结构主要由筒体、筒盖、出粉管及喷射管组成。使用时，先将灭火器上下颠倒并摇晃几次，使内部干粉松动并与压缩气体充分混合。然后摆正灭火器，拔出手压柄和固定柄（提把）间的保险销，右手握住灭火器喷射管，左手用力压下并握紧两个手柄，使灭火器开启，待干粉射流喷出后，右手根据火灾情况，上下左右摆动，将干粉喷于火焰根部灭火。

（2）外储气瓶式干粉灭火器

这类灭火器主要由二氧化碳钢瓶、筒体、出粉管及喷射管组成。使用时用力向上提起储气钢瓶上部的开启提环，随后右手迅速握住喷射管，左手提起灭火器，通过移动和喷射管摆动，将干粉射流喷于火焰根部灭火。

（3）内储气瓶式干粉灭火器

这种干粉灭火器与外储气瓶式相比，其装有压缩气体的小钢瓶装在灭火器内。使用时拔下保险销，右手握住喷射管，左手将手压柄压下并提起灭火器，灭火器则会立即开启。待干粉射流喷出后，右手掌握喷射管，将干粉射流对准火焰根部喷射灭火。

（4）注意事项

使用干粉灭火器时，要注意由上风向向下风向喷射，以免风力影响灭火效果，造成灭火剂的浪费。使用时还要注意，开启操作时，不要距离燃烧物太远，并在喷射时要变换位置或摆动喷射管，从不同的角度对火灾进行扑救，以提高灭火效率。

112. 使用干粉灭火器时有哪些注意事项?

（1）干粉的粉雾对人的呼吸道有刺激作用，甚至有很强的窒息作用，喷射干粉时，被粉雾笼罩的区域内，特别是在密闭空间内，不得有人、畜停留。

（2）干粉灭火剂有腐蚀性。残存在物件上的干粉应及时清除。

（3）扑救油类火灾时，干粉灭火器的抗复燃性较差。因此，扑灭油类火后，应避免周围存在火种。

（4）碳酸氢钠干粉灭火器（BC 干粉灭火器）不能扑救固体有机物质的火灾。

113. 水基型灭火器如何正确使用?

（1）使用手提式水基型灭火器时，可将灭火器携带至火场，如在室外使用，应选择在火焰的上风向，在人可靠近的燃烧物处，拔出灭火器保险销，一手握住喷射管，手抓紧压把，开启灭火器喷射灭火剂。使用中需要不断地抓紧或放松压把，可间歇地喷射灭火剂。

（2）使用推车式水基型灭火器时，可将灭火器推（或拉）至火场，在人可靠近的燃烧物处，展开喷射管，然后一手握住喷射枪，一手拔出保险销，开启瓶头阀，再双手握紧喷射枪，展开喷射管，开启喷射枪阀喷射灭火剂。使用中需要不断地开启或关闭喷射枪阀，可间歇地喷射灭火剂。灭火时，将灭火剂对准燃烧物由近而远喷射，并左右扫射，再快速向前推进灭火器，使灭火剂完全覆盖在燃烧物上。

（3）当使用适用于扑灭可燃液体火灾的水基型灭火器来扑救容器内的液体火灾时，应将灭火剂对准容器壁喷射，使灭火剂自流覆盖在燃烧液体的表面，对火焰进行封闭。应避免直接对准液面喷射，防止喷流的冲击使可燃液体溅出而扩大火势。

114. 使用水基型灭火器时有哪些注意事项?

（1）应尽量避免蛋白泡沫对燃料表面的冲击作用，减少蛋白泡沫潜入燃料中，影响灭火效果。

（2）对于极性液体燃料（如甲醇、乙醚、丙酮等）火灾，只能使用抗溶性水基型灭火器。

（3）水基型灭火器一般不适用于涉及带电设备的火灾，除非装配特殊喷雾喷嘴的，经电绝缘性能试验证实后，才可以应用于涉及带电设备的火灾。

115. 二氧化碳灭火器如何正确使用?

（1）使用手提式二氧化碳灭火器时，可将灭火器携带至火场，在人可靠近的燃烧物处，拔出灭火器保险销，一手握住喇叭筒上部的防静电手柄，一手抓紧压把，开启灭火器。

（2）对没有喷射管的二氧化碳灭火器，应把与喇叭喷筒相连的金属连接管往上扳动，使喇叭喷筒呈水平状。使用时，不能直接用手抓住喇叭喷筒外壁或金属连接管，防止手被冻伤，可不断地抓紧或放松压把，间歇地喷射灭火剂。

（3）应设法使二氧化碳集中在燃烧区域以达到灭火浓度。在室外使用的，应选择在上风方向喷射，使灭火剂完全地覆盖在燃烧物上，直至将火焰全部扑灭。

（4）当扑救在容器内燃烧的可燃液体时，应使喷射出的二氧化碳灭火剂笼罩在整个容器的开口表面，但应避免直接冲击液面，防止可燃液体溅出而扩大火势，造成灭火困难。

（5）使用推车式二氧化碳灭火器，一般宜两人操作，使用时由两人一起将灭火器推（或拉）至火场，在人可靠近的燃烧物处，一人快速取下喇叭喷筒并展开喷射管后，握住喇叭筒上部的防静电手柄，另一人快速拔出保险销，按顺时针方向旋开器头手轮阀，并开到最大位置，具体灭火方法与手提式灭火的方法相同。

116. 使用二氧化碳灭火器时有哪些注意事项？

（1）不宜在室外有大风或室内有强劲空气流处使用，否则二氧化碳会快速地被吹散而影响灭火效果。

（2）在狭小的密闭空间使用后，使用者应迅速撤离以防窒息。

（3）使用时应注意，不能用手直接握住喇叭喷筒，以防冻伤。

（4）二氧化碳灭火剂喷射时会产生干冰，使用时考虑其会产生的冷凝效应。

（5）二氧化碳灭火器的抗复燃性差，扑灭火后，应避免周围存在火种。

（6）不适宜扑救固体有机物质的火灾。

117. 人体着火如何扑救?

人体着火多数是由于工作场所发生火灾爆炸事故或扑救火灾引起的，也有因使用汽油、苯、酒精、丙醇等易燃油品或溶剂擦洗机械或衣物，遇到明火或静电火花而引起的。当人体着火时应采取如下措施：

（1）若衣服着火又不能及时扑灭，应迅速脱掉衣服，防止烧坏皮肤。若来不及或无法脱掉衣服应就地打滚，用身体压灭火焰。切记不可跑动，否则风助火势会造成更严重的后果，就地用水灭火效果会更好。

（2）如果人体溅上油类而着火，其燃烧速度很快，人体的裸露部分，如手、脸和颈部最易烧伤，此时伤痛难忍，神经紧张，会本能地以跑动逃脱。在场的人应立即制止其跑动，将其扑倒，用石棉布、棉衣、棉被等物覆盖，用水浸湿后覆盖效果更好。用灭火器扑救时，注意不要对着脸部喷灭火剂。

118. 火灾现场逃生的方法及注意事项有哪些?

（1）火灾现场逃生的方法

1）扑灭小火，尽力扑灭初起火焰。

2）保持镇静，辨明方向后迅速撤离。

3）不入险地，千万不能因为抢救财物而浪费宝贵的逃生时间。

4）利用条件进行简易防护后，用水浸湿毛巾、衣服等，捂住口鼻，匍匐前进逃离。

5）从逃生通道撤离，不使用普通电梯。

6）利用建筑配置的缓降逃生器或滑绳自救。

7）如确实无法逃离或出口已封锁，应立即进入避难场所，固守待援。

8）在靠近窗口处，挥动或轻抛衣物，吸引救援人员注意。

9）在能确保生命安全的情况下，低层紧急跳楼也是一种不得已的方法。

10）身上着火，千万不要惊慌跑动。

11）身处险境，自救的同时应该不忘救他人。

（2）火灾现场逃生的注意事项

1）保持镇静，克服惊慌心理，谨防心理崩溃。

2）逃生时要注意随手关闭通道上的门窗。

3）克服盲目从众行为。

4）火场逃生要迅速，动作越快越好。

5）不要向狭窄的角落退避。

6）不要在烟气中直立行走、做深呼吸，要尽量低姿势匍匐前进，用湿毛巾捂住口鼻。

7）不要因财物等原因重返火场。

8）火场上不要轻易乘坐普通电梯。

9）不要身穿着火衣服跑动。

10）不能盲目跳楼。

11）要正确估计火势的发展和蔓延态势，防止产生侥幸心理。

119. 火场逃生有哪些常见的错误行为?

（1）原路脱险

一旦发生火灾时，人们总是习惯沿着进来的出入口和楼道进行逃生，当发现此路被封死时，才被迫去寻找其他出入口。殊不知，此时已失去最佳逃生时间。

（2）向光朝亮

在危险情况下，由于人的本能、生理、心理等原因，人们总是向着有光、明亮的方向逃生。但是，很多时候光亮的地方正是火灾燃烧比较严重的地方，也是最危险的地方。

（3）盲目追随

当人的生命突然面临危险状态时，极易因惊慌失措而失去正常的判断思维能力，当听到或看到有什么人在前面跑动时，第一反应就是盲目地跟随其后。

（4）自高向下

当高层建筑发生火灾，人们总是习惯性地认为：火是从下向上蔓延的，越高越危险，越往下越安全。其实很多时候，楼下已经是一片火海。

（5）冒险跳楼

当人们在发现逃生之路被大火封死，而火势越来越大、烟雾越来越浓时，人们就很容易失去理智，盲目跳楼、跳窗等，增加了伤亡危险性。

120. 身处建筑内火场如何避险逃生？

（1）镇定自救

沉着冷静，辨明方向，迅速撤离危险区域。如果火灾现场人员较多，切不可慌张，更不要相互拥挤、盲目跟从或乱冲乱撞、相互踩踏，以防造成意外伤害。

（2）选择逃生路径

在高层建筑中，电梯的供电系统在火灾发生时会随时断电。因此，发生火灾时千万不可乘坐普通电梯逃生，而要根据情况选择进入相对安全的楼梯、消防通道、有外窗的通廊等。此外，还可以利用建筑物的阳台、窗台、天台屋顶等攀爬到周围的安全地点。

（3）创造条件

在救援人员还不能及时赶到的情况下，可以迅速利用身边的绳索或床单、窗帘、衣服等自制成简易救生绳，有条件的最好用水浸湿，然后从窗台或阳台沿绳缓滑到下面楼层或地面，还可以沿着水管、避雷线等建筑结构中的凸出物滑到地面安全逃生。

（4）暂避等待

暂避到较安全的场所，等待救援。假如用手摸房门已感到烫手，或已知房间被大火或烟雾围困，此时切不可打开房门，否则火焰与浓烟会顺势冲进房间。这时可采取创造避难场所、固守待援的办法。首先应关紧迎火的门窗，打开背火的门窗，用湿毛巾或湿布条塞住门窗缝隙，或者用水浸湿棉被蒙上门窗，并不停地泼水降温，同时用水淋湿房间内的可燃物，防止烟火侵入。

（5）对外联络

设法发出信号，寻求外界帮助。被烟火围困暂时无法逃离的人员，应尽量站在阳台或窗口等易于被人发现和能避免烟火近身的地方。白天可以向窗外晃动颜色鲜艳的衣物，晚上可以用电筒不停地在窗口闪动或者利用敲击金属物、大声呼救等方式，以引起救援者的注意。

121. 火灾发生时如何进行有组织地疏散？

（1）口头引导疏散

火灾中，人们急于逃生，可能一起拥向有明显标志的出口，造成拥挤混乱。此时，工作人员要设法引导疏散，指明各种疏散通道。同时要用镇定的语气呼喊，劝说人们消除遇险而产生的恐慌心理，稳定情绪、坚定信心、积极配合，按指定路线有条不紊地安全撤离。

（2）广播引导疏散

广播引导在疏散中起到非常重要的作用。事故广播小组在接到发生火灾的信号后，要立即启动事故广播系统，将指挥员的命令、火灾情况、疏散情况等在控制中心发出，引导人们撤离。

（3）强行疏导疏散

如果火势较大，直接威胁人员安全，影响疏散时，工作人员及到达火场的消防救援队队员，可利用各种灭火器材及水枪全力堵截大火，掩护被困人员疏散。由于惊慌混乱而造成疏散通路和出入口堵塞时，要组织疏导，向外拖拉。有人跌倒时，还要设法阻止人流，迅速扶起摔倒的人员，以及采取必要的手段强制疏导，防止出现伤亡事故。安全疏散时一定要维持好秩序，注意防止互相拥挤，要帮助行动不便的老、弱、病、残、孕者一同撤离火场。在疏散通道的拐弯、岔道等容易走错方向的地方，应设立“哨位”指示方向，防止有遇险人员误入死胡同或进入危险区域。

122. 可利用的建筑的疏散设施有哪些?

（1）疏散楼梯间。包括敞开楼梯间、密闭楼梯间、防烟楼梯间和室外疏散楼梯。

（2）疏散走道。

（3）安全出口。安全出口包括疏散楼梯和直通室外的疏散门。

（4）应急照明和疏散指示标志、应急广播及辅助救生设施等。

（5）超高层建筑还需设置避难层和直升机停机坪等。

相关链接

一般应设置封闭楼梯间的建筑物有：

（1）汽车库中人员疏散用的室内楼梯。

（2）甲、乙、丙类厂房（分类标准见表4-2）和高层厂房、高层库房的疏散楼梯。

（3）11 层及 11 层以下的通廊式住宅，12 层以上及 18 层以下的单元式住宅。

（4）医院、疗养院的病房楼，设有空气调节系统的多层旅馆和超过 5 层的其他公共建筑的室内疏散楼梯（包括底层扩大封闭楼梯间）。

123. 发生火灾如何互救？

互救是指在火灾中表现出团结协作，以帮助他人为目的的行为，分为自发性互救和有组织互救。

（1）自发性互救是指在火灾现场，在无组织、无领导的情况下，群众所采取的一种自觉自愿的救助行为。如当火灾发生时高喊："着火了！"或敲门向左邻右舍报警，当周围的邻居听到着火的消息后，年轻力壮和有行为能力的人都会纷纷跑来救人、灭火和帮助年老体弱者、妇女和儿童逃离火场。

（2）有组织互救是指在火灾初期，消防人员尚未到达火场之前，由起火单位的干部和职工组织起来的互救行为，表现为火灾发生时利用喊话、广播通知，引导被火围困人员逃离险境。当疏散通道被烟火封锁时，协助架设梯子、抛绳子、递竹竿等帮助被困人员逃生。有条件的还可在楼下拉起救生网，放置软体物品，救助从楼上往下跳的人员。在配有一般消防器材的建筑中，发生火灾时还可利用建筑物内的水带、水枪为被困人员开辟通道，帮助其迅速逃离火场。

124. 火灾爆炸现场发生烧伤应如何救护?

（1）立即用清水冲洗或浸泡烧伤部位 10~20 分钟，也可使用冷敷的方法。冲洗或浸泡后，应尽快脱去或剪去着过火的衣服或被热液浸渍的衣服。

（2）轻度烧伤，用清水冲洗后擦干，局部涂烫伤膏，无须包扎，面积较大的烧伤创面可用干净的纱布、被单、衣服覆盖。

（3）发生窒息时，应尽快解除伤员衣物，如果伤员呼吸心跳停止，应立即进行心肺复苏。

（4）密切观察伤员有无进展性呼吸困难，并及时护送其到最近的医院做进一步的诊断治疗。

知识学习

（1）尽量不挑破水疱。较大的水疱可用缝衣针经火烧烤几秒钟或用75%酒精消毒后刺破，放出疱液，但切忌剪除表皮。

（2）烧伤创面上切不可自行使用药水或药膏等涂抹，以免掩盖烧伤部分而耽误诊治。

（3）千万不要给口渴的伤员喝大量白开水。

125. 火灾爆炸现场发生中毒窒息应如何救护?

（1）抢救人员进入危险区必须戴上防毒面具、自救器等劳动防护用品，必要时也给中毒者戴上，迅速把中毒者转移到有新鲜风流的地方，静卧保暖。

（2）如果是一氧化碳中毒，中毒者还没有停止呼吸或呼吸虽已停止但心脏还在跳动，在确定已经清理了中毒者口腔和鼻腔内的杂物，使呼吸道保持畅通后，立即进行人工呼吸。若心脏跳动也停止了，应迅速做胸外心脏按压，同时进行人工呼吸。

（3）如果是硫化氢中毒，在进行人工呼吸之前，要用浸透食盐溶液的棉花或手帕盖在中毒者的口鼻。

（4）如果是瓦斯或二氧化碳导致的窒息，情况不太严重时，只要把窒息者转移到空气新鲜的场地稍做休息即可，假如较长时间没有苏醒，就要进行人工呼吸抢救。

（5）在救护中，急救人员一定要沉着，动作要迅速，在进行急救的同时，应通知医生到现场进行救治。

126. 怎样做口对口人工呼吸？

（1）将患者置于仰卧位，施救者站在患者右侧，将患者颈部伸直，右手向上托患者的下颌，使患者的头部后仰。这样，患者的气管能充分伸直，有利于进行人工呼吸，如图 1、图 2 所示。

（2）清理患者口腔，包括痰液、呕吐物及异物等，如图 3 所示。

（3）在条件允许的情况下，用身边现有的清洁布质材料，如手绢、小毛巾等盖在患者嘴上，防止传染病。

（4）右手捏住患者鼻孔（防止漏气），左手轻压患者下颌，把口腔打开，如图 4 所示。

（5）施救者自己先深吸一口气，用自己的口唇把患者的口唇包住，向患者嘴里吹气。吹气要均匀且持久（像平时长出一口气一样），但不要用力过猛。吹气的同时用眼睛余光观察患者的胸部，如看到患者的胸部膨起，表明气体吹进了患者的肺脏，吹气的力度合适；如果看不到患者胸部膨起，说明吹气力度不够，应适当加强。吹气后待患者膨起的胸部自然回落后，再深吸一口气重复吹气，反复进行，如图 5、图 6 所示。

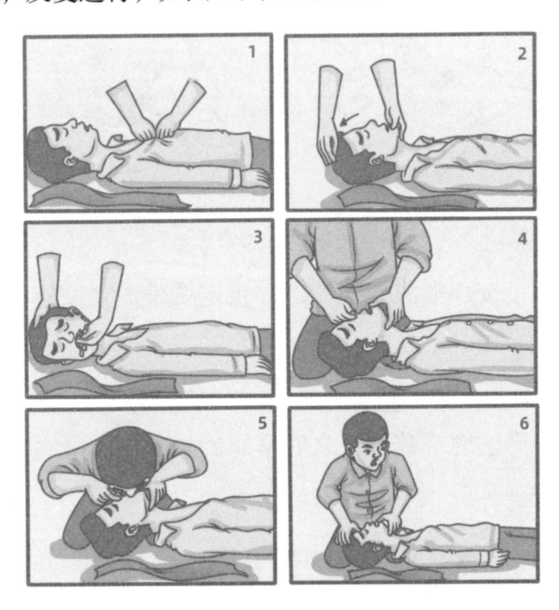

（6）对一岁以下婴儿进行抢救时，施救者要用自己的嘴把孩子的嘴和鼻子全部都包住进行人工呼吸。对婴幼儿和儿童施救时，吹气力度要减小。

（7）每分钟吹气 10~12 次。

127. 常用的绷带包扎法有哪些?

（1）环形法

将绷带做环形重叠缠绕。第一圈环绕稍做斜状，第二、第三圈绕成环形，并将第一圈斜出一角压于环形圈内，最后用胶布将带尾固定，也可将带尾剪开两头打结。此法是各种绷带包扎中最基本的方法，多用于手腕、肢体等部位。

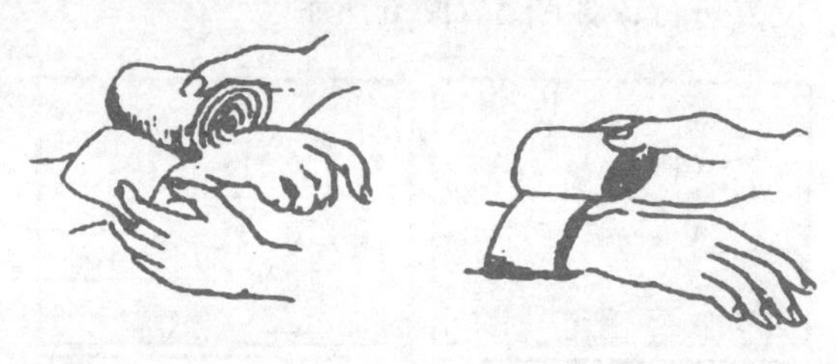

（2）蛇形法

先将绷带按环形法缠绕数圈，再按绷带的宽度作间隔斜形上缠或下缠。

（3）螺旋形法

先按环形法缠绕数圈，之后呈螺旋形上缠，每圈都盖住前圈的 1/3 或 2/3。

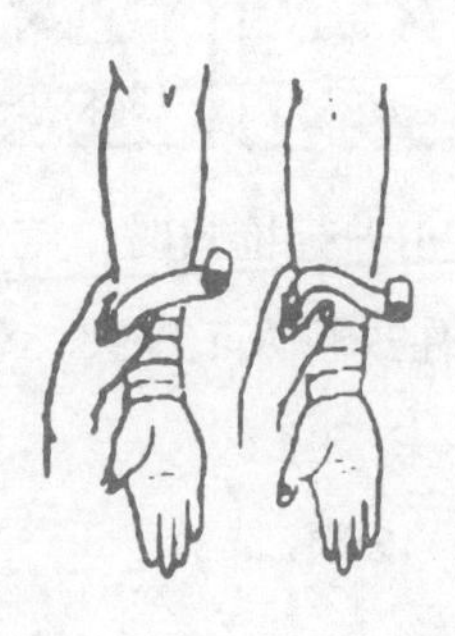

（4）螺旋反折法

先按环形法缠绕数圈，再做螺旋形法缠绕，等缠到渐粗处，将每圈绷带反折，盖住前圈的 1/3 或 2/3，依次由上而下缠绕。

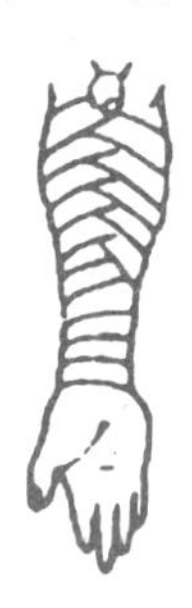

（5）“8 字”形法

在关节弯曲的上方、下方，将绷带由下而上缠绕，再由上而下成“8 字”形来回缠绕。

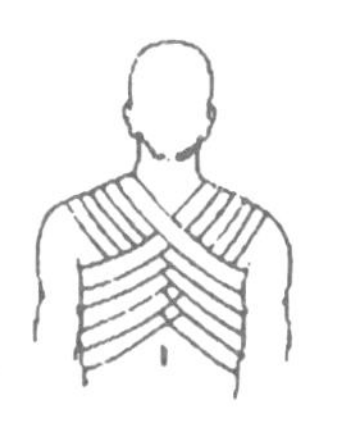

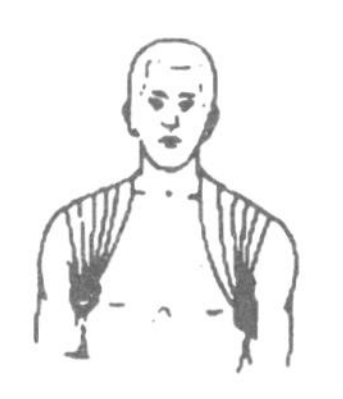

128. 常用的止血法有哪几种？

（1）一般止血法

针对小的创口出血。需用生理盐水冲洗后再消毒患部，然后覆盖多层消毒纱布用绷带扎紧包扎。

（2）填塞止血法

将消毒的纱布、棉垫、急救包填塞、压迫在创口内，外用绷带、三角巾包扎，松紧度以达到止血为宜。

（3）绞紧止血法

把三角巾折成带形，打一个活结，取一根小棒穿在带子外侧绞紧，将绞紧后的小棒插在活结小圈内固定。

（4）加垫屈肢止血法

加垫屈肢止血法是适用于四肢非骨折性创伤的动脉出血的临时止血措施。当前臂或小腿出血时，可于肘窝或腘窝内放纱布、棉花、毛巾做垫，屈曲关节，用绷带将肢体紧紧地缚于屈曲的位置。

（5）指压止血法

指压止血法是动脉出血时最迅速的一种临时止血法，是用手指或手掌将伤部上端的动脉用力压瘪于骨骼上，阻断血液通过，以便立即止血，但仅限位于身体较表浅的部位、易于压迫的动脉。

（6）止血带止血法

止血带止血法主要是用橡皮管或胶管止血带将血管压瘪而达到止血的目的。左手拿橡皮带、尾部约留 16 厘米；右手拉紧环体扎，前部交左手，中食两指夹住后，顺着肢体向下拉，前部环中插，保证不松垮。如遇到四肢大出血，需要止血带止血，而现场又无橡胶止血带时，可在现场就地取材，如布止血带、线绳或麻绳等。